CONTENTS

17

封面故事：
在我們的嚴格測試中，Prusa i3 MK2取得前所未有的高分，成
為新一代年度最佳3D印表機。攝影：赫普・斯瓦迪雅

Christopher Garrison

74

84

62

STATEMENT OF OWNERSHIP, MANAGEMENT AND CIRCULATION (required by Act of August 12, 1970: Section 3685, Title 39, United States Code). 1. MAKE Magazine 2. (ISSN: 1556-2336) 3. Filing date: 10/1/2016. 4. Issue frequency: Bi Monthly. 5. Number of issues published annually: 6. 6. The annual subscription price is 34.95. 7. Complete mailing address of known office of publication: Maker Media, Inc. 1005 Gravenstein Highway North, Sebastopol, CA 95472. Contact person: Kolin Rankin. Telephone: 305-441-7155 ext. 225 8. Complete mailing address of headquarters or general business office of publisher: Maker Media, Inc. 1160 Battery St., Suite 125, San Francisco, CA 94111. 9. Full names and complete mailing addresses of publisher, editor, and managing editor. Publisher, Todd Sotkiewicz, Maker Media, Inc., 1160 Battery St., Suite 125, San Francisco, CA 94111, Editor, Mike Senese, Maker Media, Inc., 1160 Battery St., Suite 125, San Francisco, CA 94111, Managing Editor, N/A, Maker Media, Inc., 1160 Battery St., Suite 125, San Francisco, CA 94111. 10. Owner: Maker Media, Inc.; 1160 Battery St., Suite 125, San Francisco, CA 94111. 11. Known bondholders, mortgages, and other security holders owning or holding 1 percent of more of total amount of bonds, mortgages or other securities: None. 12. Tax status: Has Not Changed During Preceding 12 Months. 13. Publisher title: MAKE Magazine. 14. Issue date for circulation data below: Oct/Nov 2016. 15. The extent and nature of circulation: A. Total number of copies printed (Net press run). Average number of copies each issue during preceding 12 months: 133,407. Actual number of copies of single issue published nearest to filing date: 127,399. B. Paid circulation. 1. Mailed outside-county paid subscriptions. Average number of copies each issue during the preceding 12 months: 60,802. Actual number of copies of single issue published nearest to filing date: 61,232. 2. Mailed in-county paid subscriptions. Average number of copies each issue during the preceding 12 months: 0. Actual number of copies of single issue published nearest to filing date: 0. 3. Sales through dealers and carriers, street vendors and counter sales. Average number of copies each issue during the preceding 12 months: 20,498. Actual number of copies of single issue published nearest to filing date: 16,875. 4. Paid distribution through other classes mailed through the USPS. Average number of copies each issue during the preceding 12 months: 0. Actual number of copies of single issue published nearest to filing date: 0. C. Total paid distribution. Average number of copies each issue during preceding 12 months: 81,300. Actual number of copies of single issue published nearest to filing date; 78,107. D. Free or nominal rate distribution (by mail and outside mail). 1. Free or nominal Outside-County. Average number of copies each issue during the preceding 12 months: 799. Number of copies of single issue published nearest to filing date: 697. 2. Free or nominal rate in-county copies. Average number of copies each issue during the preceding 12 months: 0. Number of copies of single issue published nearest to filing date: 0. 3. Free or nominal rate copies mailed at other Classes through the USPS. Average number of copies each issue during preceding 12 months: 0. Number of copies of single issue published nearest to filing date: 0. 4. Free or nominal rate distribution outside the mail. Average number of copies each issue during preceding 12 months: 4,880. Number of copies of single issue published nearest to filing date: 3,959. E. Total free or nominal rate distribution. Average number of copies each issue during preceding 12 months: 5,679. Actual number of copies of single issue published nearest to filing date: 4,656. F. Total free distribution (sum of 15c and 15e). Average number of copies each issue during preceding 12 months: 86,979. Actual number of copies of single issue published nearest to filing date: 82,763. G. Copies not Distributed. Average number of copies each issue during preceding 12 months: 46,428. Actual number of copies of single issue published nearest to filing date: 44,636. H. Total (sum of 15f and 15g). Average number of copies each issue during preceding 12 months: 133,407. Actual number of copies of single issue published nearest to filing: 127,399. I. Percent paid. Average percent of copies paid for the preceding 12 months: 93.47% Actual percent of copies paid for the preceding 12 months: 94.37% 16. Electronic Copy Circulation: A. Paid Electronic Copies. Average number of copies each issue during preceding 12 months: 3,489. Actual number of copies of single issue published nearest to filing date: 3,790. B. Total Paid Print Copies (Line 15c) + Paid Electronic Copies (Line 16a). Average number of copies each issue during preceding 12 months: 84,789. Actual number of copies of single issue published nearest to filing date: 81,897. C. Total Print Distribution (Line 15f) + Paid Electronic Copies (Line 16a). Average number of copies each issue during preceding 12 months: 90,468. Actual number of copies of single issue published nearest to filing date: 86,553. D. Percent Paid (Both Print & Electronic Copies) (16b divided by 16c x 100). Average number of copies each issue during preceding 12 months: 93.72%. Actual number of copies of single issue published nearest to filing date: 94.62%. I certify that 50% of all distributed copies (electronic and print) are paid above nominal price: Yes. Report circulation on PS Form 3526-X worksheet. 17. Publication of statement of ownership will be printed in the Dec/Jan 2017 issue of the publication. 18. Signature and title of editor, publisher, business manager, or owner: Todd Sotkiewicz, Business Manager. I certify that all information furnished on this form is true and complete. I understand that anyone who furnishes false or misleading information on this form or who omits material or information requested on the form may be subject to criminal sanction and civil actions.

Hep Svadja, Christopher Garrison

國家圖書館出版品預行編目資料

Make：國際中文版／MAKER MEDIA 作；Madison 等譯
-- 初版 . -- 臺北市：泰電電業，2017.05 冊；公分
ISBN：978-986-405-041-3 （第 29 冊：平裝）
1. 生活科技
400 106003223

EXECUTIVE
CHAIRMAN & CEO
Dale Dougherty
dale@makermedia.com

CFO&PUBLISHER
Todd Sotkiewicz
todd@makermedia.com

＊

VICE PRESIDENT
Sherry Huss
sherry@makermedia.com

＊

VICE PRESIDENT,GROWTH
Sonia Wong
sonia@makermedia.com

EDITORIAL

EXECUTIVE EDITOR
Mike Senese
mike@makermedia.com

PROJECTS EDITOR
Keith Hammond
khammond@makermedia.com

SENIOR EDITOR
Caleb Kraft
caleb@makermedia.com

MANAGING EDITOR, DIGITAL
Sophia Smith

PRODUCTION MANAGER
Craig Couden

COPY EDITOR
Laurie Barton

EDITORIAL INTERN
Lisa Martin

CONTRIBUTING EDITORS
William Gurstelle
Charles Platt
Matt Stultz

**DESIGN,
PHOTOGRAPHY
& VIDEO**

ART DIRECTOR
Juliann Brown

PHOTO EDITOR
Hep Svadja

SENIOR VIDEO PRODUCER
Tyler Winegarner

LAB INTERN
Sydney Palmer

MAKEZINE.COM

WEB/PRODUCT
DEVELOPMENT
David Beauchamp
Rich Haynie
Bill Olson
Kate Rowe
Sarah Struck
Clair Whitmer
Alicia Williams

國際中文版譯者

Madison：2010年開始兼職筆譯生涯，專長領域是自然、科普與行銷。

呂紹柔：國立臺灣師範大學英語所，自由譯者，愛貓，愛游泳，愛臺灣師大棒球隊，愛四處走跳玩耍曬太陽。

花神：從事科技與科普教育翻譯，喜歡咖啡和甜食，現為《MAKE》網站與雜誌譯者。

孟令函：畢業於師大英語系，現就讀於師大翻譯所碩士班。喜歡音樂、電影、閱讀、閒晃，也喜歡跟三隻貓室友說話。

屠建明：目前為全職譯者。身為愛丁堡大學的文學畢業生，深陷小說、戲劇的世界，但也曾主修電機，對任何科技新知都有濃烈的興趣。

張婉秦：蘇格蘭史崔克萊大學國際行銷碩士，輔大影像傳播系學士，一直在媒體與行銷界打滾，喜歡學語言，對新奇的東西毫無抵抗能力。

敦敦：兼職中英日譯者，有口譯經驗，喜歡不同語言間的文字轉換過程。

葉家豪：國立清華大學計量財務金融學系畢。在瞬息萬變的金融業界翻滾的同時，更享受語言、音樂產業的人文薰陶。

潘榮美：國立政治大學英國語文學系畢業，曾任網路雜誌記者、展場口譯、演員等，並涉足劇場、音樂、廣播與文學界。現為英語教師及譯者。

謝明珊：臺灣大學政治系國際關係組碩士。專職翻譯雜誌、電影、電視，並樂在其中，深信人生是要做自己喜歡的事。

Make：國際中文版29
（Make：Volume 54）

編者：MAKER MEDIA
總編輯：顏妤安
主編：井楷涵
編輯：鄭宇晴
特約編輯：周均健
版面構成：陳佩娟
部門經理：李幸秋
行銷主任：江玉麟
行銷企劃：李思萱、鄧語薇、宋怡箴
業務副理：郭雅慧
出版：泰電電業股份有限公司
地址：臺北市中正區博愛路76號8樓
電話：（02）2381-1180
傳真：（02）2314-3621
劃撥帳號：1942-3543 泰電電業股份有限公司
網站：http://www.makezine.com.tw
總經銷：時報文化出版企業股份有限公司
電話：（02）2306-6842
地址：桃園縣龜山鄉萬壽路2段351號
印刷：時報文化出版企業股份有限公司
ISBN：978-986-405-041-3
2017年5月初版　定價260元

版權所有，翻印必究（Printed in Taiwan）
◎本書如有缺頁、破損、裝訂錯誤，請寄回本公司更換

**Vol.30
2017/7
預定發行**

www.makezine.com.tw 更新中！

下列網址提供本書之注釋、勘誤表與訂正等資訊。 makezine.com.tw/magazine-collate.html

開源勢如破竹

Open Source Pushes On

文：麥可·西尼斯（《MAKE》雜誌主編）　譯：謝明珊

桌上型3D印表機的故事必須從2005年開始說起。艾德里安·鮑耶（Adrian Bowyer）設計出了一臺可生產零件來自我複製的機器，並取了一個很貼切的名字——「RepRap」。這是一個開源專案，人人皆可輕易參與，並以其原始概念為基礎自行設計出新一代軟硬體，而這成了現在大多數3D印表機的源頭。

說到RepRap的主要開發者，不乏大家耳熟能詳的名字，例如喬瑟夫·普魯薩（Josef Prusa），今年的評測即介紹了他的最新力作，此外還有艾瑞克·德布魯因（Erik De Bruijn），他創立頗負盛名的印表機公司Ultimaker。不過，名氣最大的莫過於MakerBot研發團隊，包括布瑞·佩蒂斯（Bre Pettis）、亞當·梅爾（Adam Mayer）和RepRap先驅查克·史密斯（Zach Smith）。這三人利用RepRap的概念和網路社群，開發出第一臺桌上型3D印表機Cupcake，2009年4月正式販售，2010年登上《MAKE》雜誌封面，不久就掀起了3D列印運動。

隨著3D列印熱潮興起，大型工業積層製造公司——知名的如3D Systems和Stratasys——紛紛進入桌上型3D印表機市場。3D Systems推出改良機種Cube，不僅方便消費者操作，也適合教學用途。Stratasys則在同時以4.03億美元收購MakerBot，不僅撤下兩位創辦人還取消開源，推出Replicator 2，引發外界爭議。3D Systems和Stratasys互別苗頭，爭搶迅速成長的3D列印市場。

令人摸不著頭緒的人事決定，加上新品貿然上市，不出幾年時間，兩家公司的消費者部門一塌糊塗。3D Systems乾脆放棄小型Cube印表機產品線，Stratasys也裁撤掉MakerBot數名員工，重新設定內部品牌期待。頓時，3D列印從熱潮淪為落水狗，MakerBot持續苦撐，成為3D列印的代表。

《MAKE》創辦人戴爾·多爾蒂（Dale Dougherty）在他的新書《Free to Make》中提到：「3D列印領域有很多慢工出細活的人。」列印產業正逐漸蓬勃發展，不少企業仍堅持這個社群最初的開源理想。再次地，Prusa、Ultimaker，以及LulzBot、SeeMeCNC、Printbot等公司一方面堅守可行的商業模式，另一方面生產值得信賴的機器，一年比一年更好，業績也有所成長。

華爾街總是跟著熱潮起鬨，但我們在《MAKE》見證了3D列印產業如何堅持到底，做為整個社群的中流砥柱。很慶幸有開源運動帶來了桌上型3D印表機，並持續推動3D列印技術，帶領著大家向前邁進。◣

Hep Svadja

MADE
ON EARTH

综合報導全球各地 譯：敎敎
精采的DIY作品

跟我們分享你知道的精采的作品
editor@makezine.com.tw

在布拉格的心臟地區，一張巨大的鏡面卡夫卡臉孔正注視著往來的行人。這座由42層不鏽鋼片堆疊而成的動態雕塑「K.」是雕刻家大衛·塞爾尼（David Černý）的作品，每一片不鏽鋼都能獨立運轉，讓卡夫卡的臉孔時而破碎時而完整。這些動作由一臺中央電腦精心控制著。

有時，卡夫卡重達45噸的臉孔會呈現靜止的狀態，但是過不久後，其一層層的不鏽鋼片會開始依序旋轉，將這位著名作家的鼻子橫向拉長。

這樣的裝置很適合用來描述這位作家，因為卡夫卡就是以揉合各種類型的小說，以及其中經歷奇幻變形的角色而為大眾所認識。

塞爾尼表示，「創作是我的宿命」，他曾在家鄉捷克和世界各地打造了許多富象徵性及發人深省的雕塑作品。

——麗莎·馬汀

David Černý

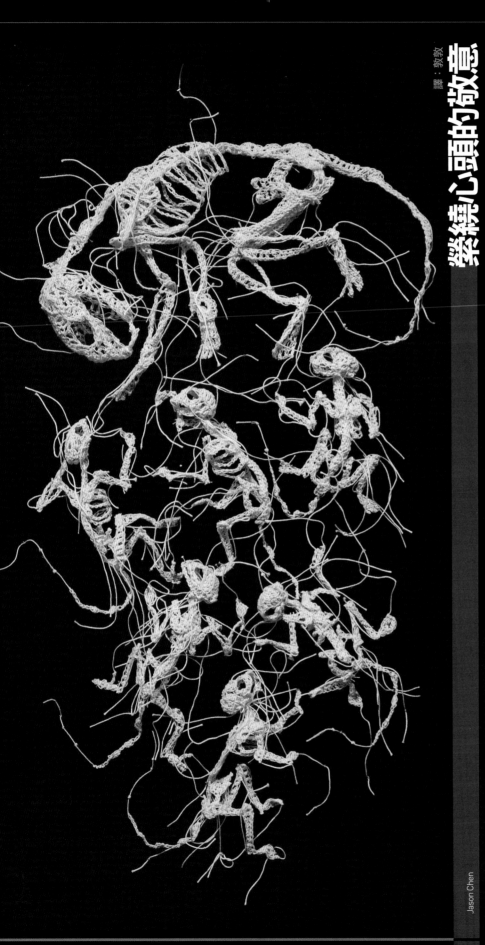

Jason Chen

縈繞心頭的敬意

譯：敦敦

CAITLINTMCCORMACK.COM

也許這尊神秘的雕塑只是單純地看起來毛骨悚然，但這些用鉤針製作的小雕像們對於南費城藝術家凱特琳・麥科馬克（Caitlin McCormack）來説藏有更深層的意涵。沒錯，麥科馬克用細繩、膠水來雕塑動物骨骸，裡面也加入了回憶、空間、巧匠的家族傳奇和隨著時間而重新建構的以上所有事物的種種變化。從2010年起，麥科馬克就開始用棉線勾出針織的動物骨骸，並上漿讓它定型。「每隻我創造的動物類型都與特定的回憶相關。」她説。在具有鉤針編織天份的祖母及身為木鳥雕刻師的祖父過世後，麥科馬克出於敬意，決定製作一個綜合他們手工藝的作品。她使用祖母年代久遠、沾有汙漬的泛黃棉線來製作象徵木雕鳥兒胸中由纖維構成的內臟。使用很小的鉤針來製作骨頭，並將它浸在漿糊中，如此反覆過後，將每根骨頭縫在一起，像是標本一樣，將它擺好造型後釘在黑色的絨布上。雖然麥科馬克會參考一些資料，不過她仍偏好純粹地依照殘缺、自我的回憶去排列零件。她補充説明：「同時由實體與虛幻所構成的方式，就像我們的回憶會因為時間而改變，所有事情也會不可避免地粉碎消失，最終又以很多、有時意料不到的方式重新構造、再建。而這些事情給了我最多啟發。」

——麗莎・馬汀

完整內容請至 makezine.com/go/macabre-crochet 瀏覽。

自然執行者 NEDKAHN.COM

第一眼看到環境藝術家內德‧卡恩（Ned Kahn）的許多以風為靈感的大型設施時，會覺得是巨大的數位螢幕，持續以難以預測、難以捉模的方式呈現完美、流暢的抽象設計。在靠近觀察後發現，這些展覽品根本不數位，而是將許多完全相同、以金屬或塑膠製成的幾何圖案，精密地的裝置在鐵絲網上，並給予足夠的空間，讓它們能回應並隨著Kahn最喜歡的合作夥伴之一──變化無常的風而擺動。

與其中一個他小型的作品，裝置在聖地牙哥一座建築正面，約25'×110'大小的蒼穹之鏈（Chain of Ether）為例，恰恰3960片9'×9'的正方形鋁片「布料」，整齊地掛在棒子上，因著風的隱形動態而促動飄揚。卡恩知道風需要更大的帆布來作畫，所以他的作品連接雲（Articulated Cloud）（上圖）以掛在鋁製框架上的半透明塑膠方塊包圍了整座在匹茲堡的兒童博物館。因著天氣的變化，整棟建築物就像是被吞沒在一朵數位的雲中。雖然作品得到全球的讚賞，他總是歸功於他的隱形合

作者：「大多數的雕塑品都是藝術家技術的慶典。當你閱讀任何一本藝術雜誌時，目錄都是名字，科學雜誌的目錄則都是現象。在藝術的世界裡，全都是關於藝術家的巧思或是他們對特定媒介的熟練精通。我雖然在作品中創造了物質的架構，但真正執行雕塑的人並不是我，而是比我更偉大，超脫於我、我以外的事物。」

──戈利‧穆罕默迪

迷你仿生獸 JEREMYCOOKCONSULTING.COM

幾年前，在見識過泰歐·揚森（Theo Jansen）創作的仿生獸後，我決定建造一個屬於我自己的版本。揚森已完成了連接PVC構造較困難的部分，所以我想我需要做的只是將它縮小、使用木頭而非PVC組裝，以及加上幾個馬達等。經過了3年及4個仿生獸的反覆試做後，我完成了一件比揚森的作品小得多的創作，它不只可以經由兩個馬達以及遙控來行走，還可以透過裝置在鏡頭轉臺上的GoPro攝影機進行第一視角的環境觀察。《MAKE》德文版2016年1月號中曾刊登過約希姆·哈斯（Joachim Haas）的類似步行機械，運用他設計的齒輪系概念來打造一個可靠的版本很有幫助。我將這1英尺高的機械稱為FPV仿生鼠（FPV StrandMaus）或是海灘老鼠（beach mouse），對揚森

的海灘野獸（beach beast）致上小小敬意。我一開始打造的兩個仿生獸，大小近似於高爾夫球車，但因為各種重量、摩擦力以及不適合的馬達問題，它們未能走動。第三個仿生獸（這也是第一個我願意稱它為鼠的作品）甚至比圖片上的還要小，但它並沒有現在的軸承以及齒輪設計。儘管它能行走一小段時間，我仍隨即用車床加工的1/4"密集板將它放大到現在成功的FPV仿生鼠大小。

——傑若米·庫克

UNDER SUSPICION 可疑份子

各位Maker小心了：許多機場和美國運輸安全管理局（TSA）工作人員都不知該如何處理自製電子裝置

文：弗里斯特·M·密馬斯三世　譯：花神

弗里斯特·M·密馬斯三世
FORREST M. MIMS Ⅲ

(forrestmims.org)
一位業餘科學家，曾獲勞力士雄才偉略大獎（Rolex Award），並被《Discover》雜誌選為「科學界最棒的五十個腦袋」。他的著作已經賣了超過七百萬本。

史達·辛普森（Star Simpson）是麻省理工學院電機工程學系的學生。2007年，她到美國波士頓洛根國際機場見一位朋友，行李通關的時候，她被用槍指著逮補，並銬上手銬，然後被扔進牢房。她犯了什麼錯呢？辛普森的毛衣上裝了自製的、用11顆綠色LED製作的發光星星。另外也包括固定在麵包板上的9伏特電池。她為朋友做的塑膠玫瑰也被懷疑是爆裂物。

機場安全人員的任務是保護人們不受「真正的」恐怖份子攻擊，史達的LED飾品和塑膠玫瑰顯然不應該讓她遭受這種待遇。雖然警方很快就發現LED星型飾品並不危險，波士頓司法系統仍花了一年時間，判定史達攜帶了「惡作劇裝置」，應該要告知一些（史達根本沒聽過的）人。她因為這個「失序行為」被判一年緩刑，並得公開道歉加上做50小時的社區服務。

我目前（還）沒有在機場被逮補過，但是史達和我是一國的，我曾經因為包包裡塞滿電子產品（圖Ⓐ）在機場被攔住，相信其他Maker都可以從我們身上學到寶貴的一課。

在911事件之前幾年，我不小心告訴機場檢查人員我要用自製紅外線濕度計來測量飛機外濕度的計劃。這讓檢查員非常緊張，趕緊打電話請求上級指示。上級來了之後審問了我一番，然後又找來上級的上級，告訴我要機長同意才能上機。後來她就陪我走出檢查點，根本還沒檢查我的包包。

我們到了一個非常擁擠的通道，安檢主管命令我：「在這裡等著，我去找機長。」幾分鐘之後，有個人突然出現在我背後，掐住我的脖子，把我推向牆邊，對我狂吼：「你要在我的飛機上做什麼？」

被掐著脖子的時候很難說話，不過我試著發出聲音：「如—果—你—放開—我—的—脖子—就—告訴—你。」機長慢慢把我放開，然後我轉了一圈，機長比我矮一些，不過壯得像美式足球隊員，穿著美國航空機長的制服。

「我想要測量飛機外的水蒸氣。」我說。機長稍微抬起頭，一副十分好奇的樣子，他問我：「你要怎麼做？」

我從包包裡將手掌大的水蒸氣量測工具（圖 B）從包包裡拿出來交給機長，並解釋儀器的運作方式。

機長似乎很有興趣，他說：「請你等一下，我想讓副駕駛也來聽聽。」副駕駛抵達時，機長熱切地將我的儀器說明再講了一次，接著問我：「請問航程中有什麼可以幫得上忙的地方嗎？」

瑞士風格的安全檢查

有一次，我從瑞士飛往紐約，一位空服員開始擔心我透過窗戶量測水蒸氣的行為，並要我交出我的儀器。我交出了儀器，順便附上幾天前我因臭氧研究在日內瓦拿到的勞力士雄才偉略獎小冊子。在去了駕駛艙一趟之後，空服員笑著回來，和我說駕駛員邀請我去駕駛艙一趟，我在活動座椅上坐了20分鐘，和機長聊了飛機、臭氧層和協和式客機。

巴西「子彈」

在巴西等待上機時，全副武裝的安全人員叫了我的名字。接著，他們將我通關的行李放到聖保羅機場爆裂物檢查區，叫我

他們的X光設備檢查到一個自製的測光表，這個測光表其實就是光感測器裝在瓦斯接頭上，外型有點像子彈。後來，我給他們看了裝置的運作方式，安檢人員鬆了一口氣，就帶我上機了。

911 事件後的機場安檢

自從在德州聖安東尼奧國際機場通關時被警察攔住，並在夏威夷凱盧阿通關也出問題後，我發現事情已經很明顯了，就是許多人都搞不清楚自製專題是怎麼回事。有些人看到電線或電路板就緊張得要死，可能是因為電影裡的炸彈看起來都是那副樣子吧。

後來我放棄了，現在我包包裡只有一半是塞電子產品，另外一半放別的東西，剩下的就快遞吧。

至於那些這幾年來在機場找我麻煩的安檢人員們，也是因為肩負揪出恐怖份子的使命，才必須要仔細檢查每個「不尋常」的乘客身上帶的東西，你我都有責任配合他們的檢查。到目前為止，他們都還沒有逮捕過我，如果有小孩穿著閃爍的LED鞋，警察也不會覺得怎麼樣。不過即使他們發現史達毛衣上的LED無害，還是將她拘捕，這就太超過了。

更進一步

如果想要更了解史達・辛普森在機場的通關遭遇，《MAKE》英文版網站有刊載過她的故事（makezine.com/2008/11/11/star-bust）和她在《波音波音》（Boing Boing）的專訪（makezine.com/go/star-simpson-interview）。●

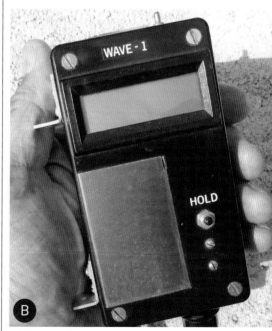

我塞滿儀器的隨身行李。

在被機長掐了的芝加哥航班上所使用的近紅外線濕度計。

Forrest M. Mims III

The Factory Finders

工廠媒合者 馬修・班奈特與坦雅・麥南德茲的 Maker's Row 連結創業家與美國製造商　譯：花神

DC・丹尼森 DC DENISON
專業 Maker 電子報《Maker Pro Newsletter》的編輯，該報報導 Maker 與商業間的交集。他同時也是《波士頓環球報》的前科技線編輯。

更多專業Maker的新聞和訪談，請上 makezine.com/go/maker-pro。

　　馬修・班奈特（Matthew Burnett）和坦雅・麥南德茲（Tanya Menendez）是 Maker's Row 的共同創辦人，Maker's Row 是一個連結創業家與美國製造商的線上平臺。馬修之前的工作室專為時尚品牌（如 Marc Jacobs）設計手錶，坦雅則做過高盛（Goldman Sachs）的分析師。後來，他們在一起製作皮製品時，發現找到對的製造商十分困難，於是在 2013 年創辦了 Maker's Row，目前重心主要放在服飾和飾品，最近也開始加入家具與家飾。

Q. 身為工廠達人，你對於想將專題送去生產的 Maker 有什麼建議？

馬修：首先，你必須了解產品不會自己把自己賣出去，先不要被你的成果迷倒，因而忽略許多重要的事情，比方說，要如何讓你的產品進入市場？要做直銷嗎？還是要做批發？

坦雅：產品生產前要做好測試。將產品交給最無情的評審批判，而不只是去聽那些會恭喜你、說你很棒的朋友的意見。不要害怕在構想上市前跟別人分享，也不要擔心被攻擊得體無完膚。請保持開放的心胸。

馬修：不要急，如果產品還沒做好，不要急著投入市場，否則一上市就完蛋。

Q. 很多人說 75％到 85％的新手創業者在完成第一個產品原型之前就會失敗，要如何戰勝這個機率呢？你們有沒有什麼建議？

馬修：愈了解生產製造的複雜性與藝術性，你就愈有機會成功。儘量多學，學習生產過程的各種眉角。

坦雅：在打造原型之前，要先找到對的製造商。在過去，要找到對的製造商來生產自己的商品都是個難題，有些人甚至只想找到對的製造商，就直接販賣那個製造商所製造的任何東西。這是本末倒置。我們希望能反轉這個循環，先確認你最終想要創造的東西，然後從那裡開始。

Q. 專業 Maker 可以從時尚產業學到什麼呢？

坦雅：服飾業正在從大眾市場轉向社群驅動，獨立時尚設計師能透過自己的通路吸引更多顧客，我認為硬體裝置也有這個機會。 ◑

生產（任何東西）的六大步驟

為了幫助更多初試啼聲的設計師與製造商合作更加順利，坦雅與馬修將這個流程分成六個步驟：

■ **觀念溝通：**「你需要盡量蒐集設計原稿和參考圖案等，讓工廠知道你成品的樣貌。」

■ **打版／模板製作：**「觀念溝通的過程有助於具體定義你的設計想法，打版則能定出實際製作方式。打版其實就是製作模板來組裝產品，可能是用紙做的，也可能是用紙板或紙箱等。」

■ **材料：**「有材料辨識能力的工廠可以幫助你尋找產品需要的材料，不管是織品、標籤或是其他硬體。」

■ **樣品／原型製作：**「這是你產品的第一個完成版，如果進入量產，所有產出都會以樣品為基準，所以樣品應該要趨近完美。你可以將樣品視為你和工廠之間的連結。」

■ **工具製作：**「你可以將現有的工具拿來調整，也可以直接製作新的工具，讓生產流程盡可能流暢，常見的工具包含固定件、模具、測量工具、鑄模、裁切工具與模板等。」

■ **正式生產：**「終於，你的產品可以正式生產囉！」

Maker's Row

5
FAB(ulous)
YEARS
數位製造的
五年神話

文：麥特·史特爾茲　譯：謝孟璇

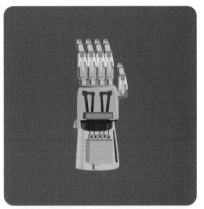

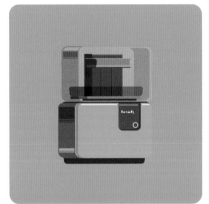

James Burke

在我們開始進行評測後幾年間，桌上型數位製造已經有了莫大轉變。
來看看今年有什麼新玩意！

從 2012年起，《MAKE》測試團隊開始評測3D印表機，以幫助讀者瞭解在琳瑯滿目的機具中，哪種最能符合他們的需求。在接下來的兩年內，3D印表機在市場上的數量有爆炸性成長，我們也持續聚焦於此；同時也有愈來愈多Maker將3D列印做為他們部分創新發展的解決方案。到了2015年，為了因應CNC工具機、雷射切割機與電腦割字機日益增長的吸引力與可及性，我們也開始在年度測試中加入這些數位機具。

在今年，我們再次選擇評測這些類型的數位製造工具。其中，我們持續看到讓硬體更易於使用、更可靠的新功能，以及更加直觀的嶄新軟體使用介面。今年我們也將介紹一種全新類型的機具，我們將其稱為「混合式機種」（Hybrid）。這些機具有著可置換式的工具頭，讓使用者不只可以進行3D列印，也可以切換到銑削、雷射雕刻，甚至是其他功能──全都內建於同一臺機器中。這對沒有多餘空間放置更多臺機具，但又想要盡可能應用到各種製程的人來說十分實用。

總括來說，3D印表機正在變得更能夠自動校正，並且提供更花俏、更多樣的功能，以趨近於標準的家庭設備。今年的CNC工具機評比則顯示出能夠實際應用於作業的工具愈來愈多，也變得更容易取得。Tormach的PCNC 440將機械廠中的動力移植到你的車庫或工作間，帶來可進行金屬加工製造的家庭式「工作臺」。雖然軟體還是需要花力氣去瞭解，但這些機具都比我們去年看到的更加宜人且易於使用。我們十分樂見事情往這個方向發展。

我們希望你會喜歡這一波家庭製造趨勢，也期望本指南能派上用場。

HOW WE TESTED
我們如何測試

換了地點，
但程序不變

文：麥特・史特爾茲
譯：屠建明

我們的年度數位製造博覽會（Digitfab Shootout）是測試團隊的所有成員都滿心期待的活動。今年的活動辦在我的駭客空間主場：位於羅德島州波塔基特的海洋之州Maker磨坊（Ocean State Maker Mill，OSMM）。OSMM提供的空間讓我們能容納更多樣的產品，而裝貨區也讓過去搬運困難的大型機器更能輕鬆測試。

在OSMM舉辦，也代表我們能指定東岸的兩名測試員尚恩・格蘭姆斯和克里斯・耶埃來從他們各自的空間吸引更多成員加入。前幾年的測試團隊由來自全國（甚至全世界）的專家組成，而今年的成員則來自三個團體：馬里蘭州巴爾的摩的數位港基金會（Digital Harbor Foundation）、賓夕法尼亞州匹茲堡的駭匹茲堡（HackPittsburgh）和海洋之州Maker磨坊。團隊成員包含專業設計師、工程師、製造者和教育工作者，都具有數位製造的多元背景。

這些年來，我們不斷改良3D印表機評測的程序，而今年是首次沿用和去年相同的模型和程序，讓我們能直接和前一批，以及過去一年來個別關注的機器做比較。針對熱熔融沉積式印表機，我們列印9種測試專用的設計，並讓每臺機器進行一次跨夜列印。測試專用設計所呈現的是一臺印表機效能的各個單一層面，例如表面細緻度和懸空列印的能力。跨夜列印則用來測試需要花8小時來製作（或是機器容許的時間長度極限）的設計會讓機器有什麼反應。

測試過程最重要的一點是我們的盲測原則。每次印出一個試印品，就為它貼上ID編號並建立資料。評審對每件試印品評分時，他們只知道試印品的類別和ID編號，不知道來自哪臺印表機。如此能確保最後的評斷沒有偏差。

雖然評測報告中的評論反映了測試人員的使用體驗，印表機的分數皆為獨立鑑定產生。

更多測試程序的資訊都在 makezine.com/go/how-we-test。

測試者群

亞當・布默德
位於巴爾的摩市的網路安全新創公司 Terbium Labs 的網路工程師。在此之前他擔任數位港基金會（Digital Harbor Foundation）的資深技術專員。

達瑞斯・麥考伊
數位港基金會的3D印表機專員。他在這裡創立了為巴爾的摩地區教育工作者提供3D印表機維修服務的「3D Assistance」公司。

吉恩・卡洛斯・謝德拉
網頁開發工程師兼Maker。因為熱愛電腦又想成為藝術家，他不斷嘗試做出好看又好用的東西。

萊恩・皮歐列
分析化學家、光電產業的實業家和駭匹茲堡的活躍成員，同時也是3DPPGH的共同創辦人。

麥特・道瑞
機械工程師。白天做木工、晚上做皮革工的他有閒暇時間就會泡在海洋之州Maker磨坊。

珍妮佛・沙克特
擁有藝術學位，但跟畫圖比起來，她更喜歡動手建造和改造。

凱利・伊根
位於羅德島州普洛威頓斯的藝術家，也是巴爾的摩節點（Baltimore Node）和海洋之州Maker磨坊的創始成員。

曼蒂・L・史特爾茲
海洋之州Maker磨坊的創始成員。她的興趣在纖維藝術，但會探索數位製造的工具來幫助她的創作。

尚恩・格蘭姆斯
數位港基金會的執行總監，也是青少年及教育工作者創造力和生產力的育成者。

麥特・史特爾茲
《MAKE》雜誌數位製造編輯，同時也是海洋之州Maker磨坊、駭匹茲堡和3DPPVD的創辦人。

史蒂芬・格蘭姆斯
數位港基金會的教育總監，在過去三年為全國各地的團體指導3D列印工作坊。

克里斯・耶埃
專業的軟體開發工程師和便宜數位製造的粉絲。他是3DPPGH的共同創辦人，也是駭匹茲堡的成員。他的下一個專題跟方舟有關。

庫特・哈默爾
造船業的機械工程師，為這個保守的領域帶來Maker的創新精神。

傑森・洛伊克
雕刻家、玩具師傅和教育工作者，服務於麻州藝術與設計學院（Massachusetts College of Art and Design），用他的玩具創作來散播歡樂。

史賓賽・札瓦斯基
服務於一家位於波士頓市郊的嵌入式系統公司，常可以看到他在海洋之州Maker磨坊進行3D列印。

Christopher Garrison

36

機器評比

垂直表面細緻度 **5**
水平表面細緻度 **3**
尺寸精確度 **5**
懸空測試 **5**
橋接測試 **5**
負空間公差 **4**
回抽測試 PASS
支撐材料 **2** PASS
Z軸共振測試 **2**

PRUSA i3 MK2

這臺開源的猛獸能突破限制，但不會讓你破產

文：萊恩・皮歐列　譯：屠建明

從最初優雅柔順的定位程序開始，我就知道這會是一趟美妙的旅程。 Prusa Research提高了消費型3D列印平臺的標準，同時不讓消費者破產。而且它創下我們評測史上最高分紀錄，36分的佳績讓它成為所有測試人員都想要的機器，不只一個人回家後馬上下了訂單。

MK2具有E3D全金屬熱端、新一代的PEI列印表面熱床、自動調平和比上一代i3大31%的最大成型尺寸。MK2以套件、組裝完成的印表機和原版i3機型升級套件的形式販售，並且在多種的塑膠線材上都呈現精緻的列印成果。

熱床升級

最新的MK42熱床很吸引我，它透過三個加熱區來為較冷的角落補償升溫，讓它們的受熱比熱床的中心稍高。熱床上的X、Y軸標記讓可用列印表面視覺化，更有錦上添花的PEI膜，有效地取代黏膠、ABS黏著劑或紙膠，強化表面黏著性。另外，它還能進行幾乎貼齊平臺邊緣的列印。它的自動調平是透過熱床上9個專用校正點來進行。

少見的線材

在表面上很單純的X軸托架內部，E3D v6熱端和電容式近接開關座落在冷卻風扇後方。直接驅動擠出頭和全金屬熱端讓MK2能使用高溫和少見的線材來列印，例如：聚碳酸酯、尼龍和彈性材質等。試印品的效果極佳，而且整體列印時間快過其他受測印表機的平均值。

持續演進的成功

在看過已經是一臺精良開源機器的i3後，MK2仍然帶來多到令人驚喜的各種改良。雖然有些使用者不喜歡RepRap的美學，但其他人會歡喜迎接它先進的功能和背後開源社群所提供的支援。

MK2的目標族群是廣泛的終端使用者，包括RepRap的粉絲到一般家庭使用者，不但有頂尖效能，更物超所值。◢

專家建議

用機上的印表機自我測試功能來確認已準備好開始列印。

定期以異丙醇清潔PEI表面的列印平臺。

購買理由

對這麼大的成型空間和塑膠線材的選項而言，這是最物超所值的機型之一。

廣大的社群、詳細的說明文件和預先設定的軟體及韌體會讓印表機持續發揮最高性能。

機上的自我測試功能是十分好用的例行檢查能確定印表機已經準備好進行列印

- **製造商**
  Prusa Research
- **測試時價格**
  899美元
- **最大成型尺寸**
  250×210×200mm
- **列印平臺類型**
  有PEI表面的熱床
- **線材尺寸**
  1.75mm
- **開放線材**
  是
- **溫度控制**
  有，工具噴頭（最高300℃）；熱床（最高120℃）
- **離線列印**
  有（SD卡）
- **機上控制**
  有（顯示螢幕和控制輪）
- **控制介面／切層軟體**
  Prusa3D、Slic3r、MK2
- **作業系統** Windows、Mac、Linux
- **韌體**
  開放，Marlin
- **開放軟體** 是，衍生自開源Slic3r的Prusa3D Slic3r MK2
- **開放硬體**
  是，GNU GPLv3
- **最大分貝** 67.5

試印結果

N2 PLUS
大型，簡單好用且功能豐富 文：麥特・史特爾茲 譯：屠建明

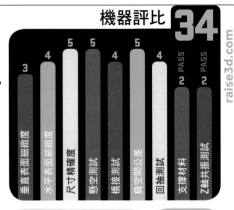

機器評比 34

3	4	5	5	4	5	4	PASS	PASS
垂直表面細緻度	水平表面細緻度	尺寸精確度	懸空測試	橋接測試	負空間公差	回抽測試	支撐材料	Z軸共振測試
							2	2

raise3d.com

N2 Plus有很多優點，首先是成型尺寸：12"×12"×24"讓它成為市面上最高大的機種之一。整臺印表機甚至是以腳輪支撐，方便安置在地板上。它的高溫雙擠出頭也和多種材質相容（包含支撐材料）。

無列印平臺校正

測試中的試印品乾淨又平滑，得到34分的好成績。內建的觸控螢幕平板讓使用者從USB、SD卡或Wi-Fi／乙太網路連線的內部儲存空間來選擇檔案。

它的固定式平臺免除了校正的需要，雖然對於平臺中央的小型列印物件沒問題，在我在整個平面上列印時就不太水平了。這個情形可以自己調整，但不像完全可調式的列印平臺那麼簡單。

老將的機器

雖然標價和尺寸可能會嚇跑新手，這可是老將們夢想中的機器。如果你準備要購入第二、三甚至第N臺機器，N2 Plus就是你要找的。 🅥

■ **製造商** Raise3D
■ **測試時價格** 3,499美元
■ **最大成型尺寸** 305×305×610mm
■ **列印平臺類型** 有BuildTak表面的附熱床玻璃板
■ **線材尺寸** 1.75mm
■ **開放線材** 是
■ **溫度控制** 有，工具噴頭（最高300℃）；熱床（最高120℃）
■ **離線列印** 有（Wi-Fi、SD、內部儲存空間或USB隨身碟）
■ **機上控制** 有（大型內建觸控螢幕）
■ **控制介面／切層軟體** 專屬IdeaMaker或Simplify3D
■ **作業系統** Windows、Mac、Linux
■ **韌體** 自訂
■ **開放軟體** 否
■ **開放硬體** 否
■ **最大分貝** 53.5

專家建議

因為它的觸控螢幕介面是電容式的，透過接觸機器的金屬元件來把自己接地到機器上就能讓顯示器每次都感應到你的動作。

ULTIMAKER 2 EXTENDED+
頂級的列印品質和可觀、活躍的社群讓這臺升級後的機器成為我們的最愛之一 文：傑森・洛伊克 譯：屠建明

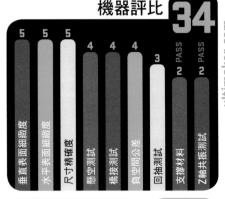

機器評比 34

5	5	5	4	4	4	3	PASS	PASS
垂直表面細緻度	水平表面細緻度	尺寸精確度	懸空測試	橋接測試	負空間公差	回抽測試	支撐材料	Z軸共振測試
							2	2

ultimaker.com

提供可靠、高品質列印的Ultimaker 2 Extended+是臺很難擊敗的機器。加上廣大、熱心的社群，它是個不能錯過的選擇。

再次出擊

Extended+並不是新的印表機，而是Ultimaker 2的升級版。它具有新的鮑登式擠出頭和熱端來降低跳層和阻塞，而從.25mm到.8mm的噴嘴口徑則讓使用者依需要來調整擠出寬度。這些設計讓這臺機器從去年的30分進步到今年評測中的34分。

僅有的抱怨：懸空和橋接部位的下垂讓我有些失望，另外它的滾輪介面和今年的其他機器相比有點過時。

不容小覷

Extended+是一臺堅固耐用的印表機，承襲了Ultimaker可靠、高品質的傳統。如果手上已經有Ultimaker 2，可以購買提供所有「＋」優點的升級套件。 🅥

■ **製造商** Ultimaker
■ **測試時價格** 2,999美元
■ **最大成型尺寸** 223×223×304mm
■ **列印平臺類型** 附熱床玻璃板
■ **線材尺寸** 3mm
■ **開放線材** 是
■ **溫度控制** 有，擠出頭（最高230℃）；熱床（最高120℃）
■ **離線列印** 有（SD卡）
■ **機上控制** 有（滾輪及LCD）
■ **控制介面／切層軟體** Cura
■ **作業系統** Windows、Mac、Linux
■ **韌體** Marlin
■ **開放軟體** 是，GPL
■ **開放硬體** 是，CC-BY-NC
■ **最大分貝** 75.6

專家建議

等平臺冷卻再取下列印物件，這樣會比弄壞再重印還快。PVA口紅膠可幫助平臺黏著，但需定期清理。

Christopher Garrison

最新消息： Ultimaker 3為Ultimaker系列帶來雙擠出頭、Wi-Fi及主動式列印平臺校調平等功能。敬請期待我們的評測報告。

機器評比 **32**

垂直表面細緻度	水平表面細緻度	尺寸精確度	懸空測試	橋接測試	負空間公差	回抽測試	支撐材料	Z軸共振測試
4	4	4	4	4	4	4	2 PASS	2 PASS

JELLYBOX
別被外觀騙了,這臺印表機可不是在開玩笑 文:尚恩・格蘭姆斯 譯:屠建明

專家建議

Jellybox的外殼提供兩種搬運印表機的方法:機器上方的強化拱門和兩側的把手。

- ■製造商 IMade3D
- ■測試時價格 949美元
- ■最大成型尺寸 170×160×150mm
- ■列印平臺類型 無熱床鋁板(可選購熱床升級)
- ■線材尺寸 1.75mm
- ■開放線材 是
- ■溫度控制 有,工具噴頭(最高245℃)
- ■離線列印 有(SD卡)
- ■機上控制 否
- ■控制介面/切層軟體 Cura JB版
- ■作業系統 Windows、Mac、Linux
- ■韌體 Marlin
- ■開放軟體 是(提供Cura設定檔)
- ■開放硬體 否
- ■最大分貝 71.1

雖然我起初對Jellybox拼拼湊湊的外觀抱持懷疑,最後它還是以使用的方便和列印速度讓我印象深刻。列印物件(總分32)並非完美,但品質穩定,速度快,而且在測試過程中沒有失敗的記錄。它的速度和可靠性應該足以吸引正在尋找DIY 3D印表機的教育工作者或家庭。

適合教育工作者的印表機

用彩色束線帶固定在一起的機身讓它適合做為每學期初新製作和重新製作的課堂專題。我們收到的機器已經組裝完成,而雖然組裝說明相當不錯(包含蝕刻在壓克力上的註解),使用者仍需要去其他地方找相同層次的軟體說明。

套件體驗

對完全的新手而言不是最好的入門機,但對於學習3D印表機運作背後的工程原理而言是臺很棒的機器。●

機器評比 **31**

垂直表面細緻度	水平表面細緻度	尺寸精確度	懸空測試	橋接測試	負空間公差	回抽測試	支撐材料	Z軸共振測試
4	4	5	4	4	2	4	2 PASS	2 PASS

DP200 3DWOX
文:萊恩・皮歐列 譯:屠建明
這臺吃苦耐勞的精緻機器可說是明日的印表機

專家建議

透過機上攝影機可以從行動裝置或電腦來監看列印情形,並且利用列印佇列功能來加速多個列印任務。

- ■製造商 Sindoh
- ■測試時價格 1,299美元
- ■最大成型尺寸 210×200×195mm
- ■列印平臺類型 有PEI表面的熱床
- ■線材尺寸 1.75mm
- ■開放線材 否(顆粒式)
- ■溫度控制 有,工具噴頭(最高260℃);熱床(最高100℃)
- ■離線列印 有(USB硬碟;有線LAN;無線LAN)
- ■機上控制 有(5"彩色觸控螢幕)
- ■控制介面/切層軟體 3DWOX Desktop
- ■作業系統 Windows、Mac
- ■韌體 閉源;20160505_1
- ■開放軟體 否
- ■開放硬體 否
- ■最大分貝 79.9

3DWOX是一款功能豐富、一站式的印表機,鎖定多名使用者的辦公室環境,但也是適合新手的3D列印入門機。輔助列印平臺調平、可拆式平臺和從隨身碟載入列印檔的功能讓列印體驗很輕鬆,而且觸控螢幕介面更是無人能比。

難以置信地容易

最酷的功能之一是它的列印預覽功能,在5"觸控螢幕上顯示正在列印的檔案和另外的進度追蹤資訊。雖然我不支持閉源的顆粒塑料,但3DWOX提供了一些合理的優勢,例如用量監控和ABS列印檔案和PLA線材耦合這類狀況的介入能力。

便利性

身為RepRap粉絲,我對3DWOX的便利性和品質感到驚嘆。開箱即用就有優秀的列印表現,速度也快過其他受測印表機的平均值。●

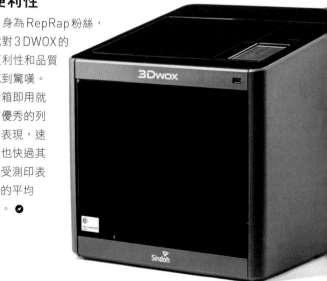

ATOM 2.0

什麼都能印，還能印得更大！ 文：達瑞斯・麥考伊 譯：屠建明

承襲Delta印表機的傳統，Atom 2.0是為速度而生，但不是每臺Delta印表機都有配得上速度的列印品質。還好Atom 2.0在這兩方面都有卓越表現。

頂級的細節

Atom 2.0搭載高扭力精密步進馬達、將裝有磁性球頭關節的熱端優雅移動的碳纖維桿，以及一分鐘內加熱到200°C的熱端。磁性球頭關節讓熱端可以輕鬆拆卸維修，或替換為Atom的雷射雕刻機，但本次未測試雕刻機。該公司的雙熱端設計也還在開發中。

每分錢都值得

它的簡易設定和列印品質是使用者都能體會的。另外，說明文件、線上支援（社群Slack頻道）和元件的品質讓Atom 2.0成為適合初學者的印表機。價格可能會嚇跑一些新手，但隨著對3D列印的知識成長，他們會感受到多花在這臺印表機上的每分錢都值得。 ◉

機器評比 31

atom3dp.com

垂直表面細緻度	水平表面細緻度	尺寸精確度	懸空測試	橋接測試	負空間公差	回抽測試	支撐材料	Z軸共振測試
3	4	4	5	4	4	3	PASS	PASS
							2	2

- **製造商** Atom
- **測試時價格** 1,699美元
- **最大成型尺寸** 220×220×320mm
- **列印平臺類型** 無熱床玻璃板（可選購熱床升級）
- **線材尺寸** 1.75mm
- **開放線材** 是
- **溫度控制** 有，工具噴頭（最高240°C）；熱床（最高100°C）
- **離線列印** 有（SD卡）
- **機上控制** 有（LCD與控制旋鈕）
- **控制介面／切層軟體** KISSlicer、Cura
- **作業系統** Windows、Mac
- **韌體** 開放，Marlin
- **開放軟體** 開源，Atom 2.0有用於Cura的切層設定檔
- **開放硬體** 否
- **最大分貝** 68.5

專家建議

列印前請以口紅膠做為玻璃平臺的塗層，但要在每次列印不同物件前，先以異丙醇擦掉乾掉的口紅膠並重塗，維持良好黏著力。

CEL ROBOX

真正隨插即用，還有更多特色 文：史蒂芬・格蘭姆斯 譯：屠建明

Robox適合剛入門或想讓自己的3D列印更可靠、簡單的使用者。

有用的新功能

這臺印表機有不少吸引人的獨特元件，包括一個雙噴嘴列印頭（一個用來高速列印、一個用來精細列印）、雙材質升級選項和儲存材質類型、顏色、溫度設定和剩餘線材量等資料的「智慧型」線軸。使用者也很幸運地不用被專屬線材綁死。

出色的效果

這臺印表機提供品質穩定的列印，以預設設定無須調整就能達成，而且列印物件穩固黏著在平臺上，取下時也不用工具。

我唯一遇到的問題是部分物件列印完成後，自動上鎖的外殼沒有打開。Robox用他們設計完善的軟體引導我在進階選項中停用這個功能。 ◉

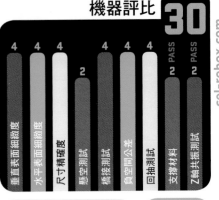

機器評比 30

cel-robox.com

垂直表面細緻度	水平表面細緻度	尺寸精確度	懸空測試	橋接測試	負空間公差	回抽測試	支撐材料	Z軸共振測試
4	4	4	2	4	4	4	PASS	PASS
							2	2

- **製造商** Cel
- **測試時價格** 1,326美元
- **最大成型尺寸** 210×150×100mm
- **列印平臺類型** 有PEI表面的熱床
- **線材尺寸** 1.75mm
- **開放線材** 開源或顆粒塑料
- **溫度控制** 有，熱床（最高150°C）；噴嘴（最高300°C）
- **離線列印** 有（開始列印後拔除USB）
- **機上控制** 無（僅電源開關）
- **控制介面／切層軟體** Cel AutoMaker軟體（專屬）
- **作業系統** Windows、Mac、Ubuntu Linux
- **韌體** 專屬
- **開放軟體** 否
- **開放硬體** 否
- **最大分貝** 70.3

專家建議

對經驗豐富的使用者或無須顧慮接觸高溫元件或干擾列印的環境，關閉SafeLock功能可以更容易開關外殼。

Christopher Garrison

機器評比 30

垂直表面細緻度 2
水平表面細緻度 5
尺寸精確度 5
懸空測試 4
橋接測試 3
負空間公差 3
回抽測試 4
支撐材料 PASS
Z軸共振測試 PASS

專家建議

多功能側面按鈕非常好用,但最好在旁邊貼上提示,以免不小心按錯。

- ■ 製造商 Tiertime
- ■ 測試時價格 1,899美元
- ■ 最大成品尺寸 255×205×205mm
- ■ 列印平臺類型 Up Flex列印板熱床
- ■ 線材尺寸 1.75mm
- ■ 開放線材 否
- ■ 溫度控制 有,工具噴頭(最高260°C);熱床(最高100°C)
- ■ 離線列印 有(開始列印後拔除USB;無線)
- ■ 機上控制 有(3個多功能按鈕)
- ■ 控制介面/切層軟體 Up Studio
- ■ 作業系統 Windows、Mac
- ■ 韌體 閉源
- ■ 開放軟體 否
- ■ 開放硬體 否
- ■ 最大分貝 67.5

UP BOX+
文:萊恩・皮歐列 譯:屠建明

這臺專業消費型印表機能透過 Wi-Fi 印出漂亮成品

專業外型搭配高品質列印是任何想要升級到可靠、一站式印表機的人夢寐以求的組合。

要先懂得竅門…

列印平臺要手動調平來取得最佳列印效果。

這個機型在洞洞板上面新增了一層Flex面板。把列印成品取出時很難不碰到後面的噴嘴高度偵測器。務必等它充分冷卻!

…但流暢滑順

試印品的頂部平面效果極佳,但幾乎都有一處變色瑕疵,我歸因於燒焦的塑料從熱端脫落。斷電後自動繼續列印的功能屢試不爽,而且隨附的HEPA過濾器更阻擋了列印的氣味。

全新進化

列印效果無庸置疑:這是臺配得上傳統Up Box系列印表機的升級機型,從去年的27分進步到30分,在表面細緻度和精確度最為突出,明顯地安靜,而且能融入任何工作環境。 ◢

機器評比 30

垂直表面細緻度 4
水平表面細緻度 4
尺寸精確度 5
懸空測試 4
橋接測試 5
負空間公差 3
回抽測試 3
支撐材料 0 FAIL
Z軸共振測試 PASS

專家建議

Taz 會撤回熱床好讓列印物件冷卻,並在準備好取下列印物件的時候讓熱床往前復位。太快取下列印物件也會導致熱床受損。

- ■ 製造商 LulzBot
- ■ 測試時價格 2,500美元
- ■ 最大成品尺寸 255×205×205mm
- ■ 列印平臺類型 PEI塗層表面熱床
- ■ 線材尺寸 3mm
- ■ 開放線材 是
- ■ 溫度控制 有,工具噴頭(最高260°C);熱床(最高100°C)
- ■ 離線列印 有(SD卡)
- ■ 機上控制 有(控制旋鈕與LCD)
- ■ 控制介面/切層軟體 LulzBot Cura
- ■ 作業系統 Windows、Mac
- ■ 韌體 Marlin
- ■ 開放軟體 是,CC BY-SA 4.0國際
- ■ 開放硬體 是,CC BY-SA 4.0國際
- ■ 最大分貝 65.2

Christopher Garrison

TAZ 6
文:麥特・史特爾茲 譯:屠建明

這款開源、方便使用的機器仍然是我們團隊的最愛

尺寸大方、初學者和專家都能得心應手、開源的LulzBot Taz 6是今年最不容錯過的印表機之一。

融合經成功驗證的功能

Taz 6是去年傑出的Taz 5順理成章的進化版,融合了LulzBot Taz和Mini平臺最大的優點:新的Z軸和X軸元件、整合電源供應器,及升級自動列印調平系統,更有神奇的PEI表面列印平臺,在加溫時固定列印物件,冷卻時釋放。

些微調整,大幅提升

它的列印品質很好,但不如去年的機型和同一梯其他機器相比來得突出。然而,稍微調整設定並更換PLA的品牌讓效果大幅提升。

LulzBot的印表機展現高度的精緻設計,而它的社群持續地讓機器更進一步。

對認真看待開源特性的使用者而言,這個系列的印表機會是首選。 ◢

BEST OF THE REST

銀榜題名 快速瀏覽其他這波測試中值得注意的熱熔融沉積式印表機

文：麥特‧史特爾茲　譯：屠建明

市面上的機器這麼多，很難全都測試一遍，更難塞進雜誌的篇幅。雖然我們沒辦法把所有機器都寫進來，以下是今年的博覽會裡其他測試過的熱熔融沉積式機種的簡單概覽。歡迎到 makezine.com/comparison/3dprinters 參考我們過去幾年來測試過所有印表機的評測報告。

SIGMA

bcn3dtechnologies.com

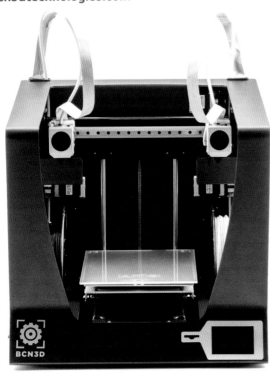

DREMEL 3D40

3dprinter.dremel.com

　　雙擠出頭3D印表機的主要問題是未使用的噴嘴會慢慢流出塑料到物件上，而調整不善的噴嘴會將物件整個從平臺上打翻。BCN3D出品的Sigma解決這些問題的方法是採用兩臺獨立的X軸滑塊，一個擠出頭用一臺。

　　未使用擠出頭時，滑塊會停靠在旁邊，而再次開始列印前會先通過一個刮刀來除去流出的塑料。測試過程中我們遇到一些列印品質問題，但我們很期待第二次改良的成果。

- **製造商**
  BCN3D
- **測試時價格**
  2,695美元
- **最大成型尺寸**
  210×297×210mm
- **擠出頭** 高溫雙擠出頭
- **熱床** 有
- **離線列印** 有

機器評比

31

　　3D40是Dremel第二次挑戰3D列印。它有封閉式的成型空間和使用容易的觸控螢幕介面。零散、有折斷風險的SD卡已不再使用，取而代之的是USB隨身碟和4GB內建儲存空間。Dremel也和Autodesk合作，讓Print Studio成為3D40的預設切層應用程式。

- **製造商** Dremel
- **測試時價格**
  1,299美元
- **最大成型尺寸**
  255×155×170mm
- **擠出頭**
  標準溫度單擠出頭
- **熱床** 無
- **離線列印** 有

機器評比

30

Christopher Garrison

DA VINCI PRO us.xyzprinting.com

- **製造商** XYZprinting
- **測試時價格** 699美元
- **最大成型尺寸** 200×200×190mm
- **擠出頭** 標準溫度單擠出頭
- **熱床** 有
- **離線列印** 有

機器評比
30

　對Da Vinci印表機系列最大的抱怨是強制使用他們的顆粒式線材，但Da Vinci Pro提供使用任何線材的自由。新增的雷射蝕刻工具頭也讓它成為值得注意的機器。

CETUS tiertime.com

- **製造商** Tiertime
- **測試時價格** 299美元
- **最大成型尺寸** 180×180×180mm
- **擠出頭** 標準溫度單擠出頭
- **熱床** 無
- **離線列印** 有

機器評比
29

　設計超簡約的Cetus藏著厲害的功能，例如Wi-Fi列印。Up的軟體一直綁手綁腳，而在Cetus也不會有什麼改變。測試的機器雖然只是原型機，已經讓我們對這小傢伙有高度期待。

ERIS seemecnc.com

- **製造商** SeeMeCNC
- **測試時價格** 549美元
- **最大成型尺寸** 直徑124mm×165mm
- **擠出頭** 標準溫度單擠出頭
- **熱床** 無
- **離線列印** 無

機器評比
26

　Eris搭載SeeMeCNC獨有的最新校正感測器。熱端裝有加速度計，會觸碰列印平臺上多個點來校正機器。這個系統讓新使用者可以在開箱、執行程式碼的幾分鐘之內就開始列印。

UP MINI 2 tiertime.com

- **製造商** Tiertime
- **測試時價格** 500美元
- **最大成型尺寸** 120×120×120mm
- **擠出頭** 標準溫度單擠出頭
- **熱床** 有
- **離線列印** 有

機器評比
23

　具備斷電自動回復、Wi-Fi列印、線材盒和HEPA過濾等功能，要價500美元的UP Mini 2對剛開始接觸3D列印的教育工作者和家庭都極度划算。

DELTA GO deltaprintr.com

- **製造商** Deltaprintr
- **測試時價格** 499美元
- **最大成型尺寸** 直徑115mm×127mm
- **擠出頭** 標準溫度單擠出頭
- **熱床** 無
- **離線列印** 有

機器評比
21

　Delta Go是一臺精巧、外觀優雅的小印表機，但操作時有幾個不順的地方。它也缺少一些其他近期上市的印表機具有的功能，例如無線列印和更好的機上使用者介面。

R1 +PLUS robo3d.com

- **製造商** Robo 3D
- **測試時價格** 800美元
- **最大成型尺寸** 254×228×203mm
- **擠出頭** 高溫單擠出頭
- **熱床** 有
- **離線列印** 選購

機器評比
20

　R1 +Plus看起來就像太空科幻電影的道具。它具有全金屬熱端和附熱床玻璃列印平臺。雖然R1有忠實支持者，列印表現還是讓我們不甚滿意。

mUVe 3D DLP PRO+

這臺光固化樹脂印表機能以平實的價格印出漂亮成品

文：麥特 史特爾茲　譯：Madison

看到MUVE 3D DLP PRO+的鋁擠成型腳架、投影機、外露電子元件加上幾塊波浪板做的外殼，可能不會對它的列印品質有太高的期待，但是此機器不可貌相。Pro+的外露內裝讓修理、擴充或更改變得非常方便。漂亮的壓克力外殼雖然賞心悅目，但要拆卸修理時可能會讓你吃足苦頭。

就是好用

mUVe 3D從開箱就表現得很出色，首次列印無懈可擊。試印成品乾淨俐落，高解析度投影機讓分層線幾乎看不見。試印檔案上字母形狀的細節，看起來就像被鑿出來的，可感受到其銳利的邊緣。Pro+不限用自家的樹脂，也就是說你有許多顏色和屬性的其他廠牌樹脂能選擇，不會傷荷包。

單機設計

在mUVe上，以Raspberry Pi為基礎的nanoDLP軟體包辦所有苦工。由於mUVe內建網頁伺服器，只要接上區域網路，就能透過網頁瀏覽器控制它。切層在機器中的nanoDLP進行，不需在你的電腦上灌任何軟體。這樣的設計相當適合協作環境，如實驗室或駭客空間。所有設定和軟體都在mUVe上運作，不需花工夫讓所有團隊成員都裝好正確的軟體。

少數怪設計

對於這臺機器我只有少數幾點抱怨，其中之一是樹脂槽和列印平臺拆卸很麻煩。兩者都是用螺絲固定，在更換樹脂時很難避免樹脂彼此汙染，要把成品從頭重腳輕的機器上取下來也頗為困難。

出色的成品

要從桌上型機器取得最佳列印品質和精細度，就要靠樹脂印表機。mUVe 3D

- ■**製造商**
  mUV 3D
- ■**測試時價格**
  1,899美元
- ■**最大成型尺寸**
  75×98.5×250mm
- ■**開放樹脂** 是
- ■**離線列印**
  有（Raspberry Pi可透過nanoDLP無線列印）
- ■**機上控制** 無
- ■**主機／切層軟體**
  nanoDLP
- ■**作業系統**
  不限（透過nanoDLP／Raspberry Pi網頁介面控制）
- ■**韌體**
  Marlin和nanoDLP
- ■**開放軟體**
  部分。Marlin是開放的，但nanoDLP不是
- ■**開放硬體**
  是，CC-BY-NC 4.0

muve3d.net

專家建議

如果你在訂購時要請製造商幫你預先設定好機器，請考量你的尺寸—品質範圍。你可以自行調整，但最好能在出廠前就設定好。

購買理由

這臺印表機能以平價的樹脂印出漂亮成品。如果你在乎效能勝過機器外觀，那麼很少有比這臺更棒的了。

試印結果

DLP Pro+的表現超乎預期，在我的樹脂印表機推薦名單中排名第一。◐

Christopher Garrison

DROPLIT V2

列印效果乾淨俐落的平價升級版樹脂印表機

文：克里斯 耶埃　譯：Madison

專家建議

開放軟硬體讓使用者可以依照需求更新和修改。

購買理由

DropLit v2是低負擔的樹脂列印入門機，列印尺寸比前一代大，對願意手動調校的使用者來說，體驗也進步了。

- ■製造商
  SeeMeCNC
- ■測試時價格
  749美元（加上投影機）
- ■最大成型尺寸
  115×70×115mm
- ■開放樹脂 是
- ■離線列印
  是（Raspberry Pi可透過nanoDLP無線列印）
- ■機上控制 否
- ■主機／切層軟體
  NanoDLP（建議使用）
- ■作業系統
  不限作業系統（透過nanoDLP／Raspberry Pi網頁介面控制）
- ■韌體
  原廠韌體（Repetier GNU GPL V3的軟體分支）
- ■開放軟體
  是，GNU GPL V
- ■開放硬體
  是，開源Mini-Rambo

試印結果

Christopher Garrison

用低廉的成本就能加入高品質、高解析度3D列印的行列

SEEMECNC的DROPLIT V2跟前一代一樣，是一臺讓你使用自備投影機的樹脂印表機套件，需要足夠的耐性和功夫才能駕馭。一旦你成功駕馭它，就能用低階入門價格換來乾淨俐落、高解析度的3D列印成品。

還不賴的新功能

白色美耐皿加上藍色壓克力，新款依然走SEEMECNC一貫的組合式風格。V2有幾個新功能，包括控制器用的Mini-Rambo板和用來運行列印軟體的Raspberry Pi。新增的樹脂槽底部是杜邦鐵氟龍FEP薄膜（這樣的樹脂槽設計稱為「flex-vat」），列印面積更大，表面磨損需要更換塗層時也更加輕鬆。對於組裝過幾年前的木製雷射切割機的人來說，這臺機器算相當容易組裝，就算是新手也能在一天內完成。

硬體架設完成後，困難的來了。軟體安裝和設定上，SeeMeCNC建議用以Raspberry Pi為基礎、可用網頁瀏覽器進入的nanoDLP，跟Repetier-Host 3D列印軟體一樣，只是改在樹脂印表機上運行。NanoDLP是相對新的軟體，尤其是用在DropLit，因此說明文件不斷在更新。SeeMeCNC優異的技術支援幫了我們許多忙，讓我們能輕鬆開始列印，不過設定方式依你的硬體和樹脂選擇有相當大的不同。

調校、調校、調校

樹脂列印的新手要有花時間調校和嘗試的心理準備。就算使用製造商建議的投影機，不同樹脂會有不同試印結果，新的樹脂需要重新調校。我們用幾種不同的投影機測試（720P和1080P都有），用常見

的樹脂得到了漂亮的列印成果。

可靠且價格實在

DropLit v2表現符合預期，加大的樹脂槽、電路和軟體上的進步都令人欣賞。透明箱狀的外觀賞心悅目，但是考量樹脂列

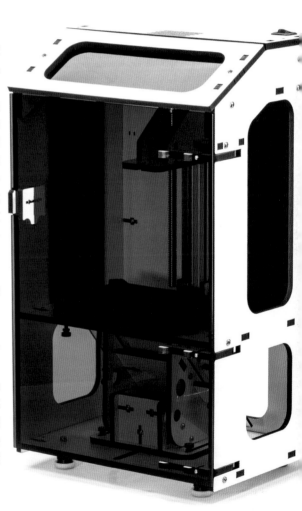

印可能的混亂和安全風險，還是放在工作區比較好。就算加上DLP投影機的價錢，DropLit v2仍然性價比超高。◑

ZMORPH 2.0 SX

潛力無窮的多合一工具機

文：克里斯 耶埃　譯：Madison

多合一ZMorph 2.0 SX「全方位套件」配備五種可更換工具頭，為你的發明增添更多可能性。 結合CNC銑床、雷射雕刻機、多功能3D印表機於一身的ZMorph 2.0 SX能力令人驚艷，會是熱血自造狂的好夥伴。

強大的印表機

列印平臺和部分工具頭配件是以磁力固定，就算噴頭發生阻塞仍能正常運作。試印結果相當不錯，更換工具頭非常輕鬆，豐富的功能令人滿意。就算它只有3D列印的功能，仍然能進入我們的推薦名單。不過，精彩的還在後頭呢。

一機到底

校正雷射雕刻頭的過程有點難懂，但是工具頭本身相當好用，我們很快就獲得滿意的雷射雕刻結果。校正CNC銑床工具頭更困難，但校正完畢後，我們能在沒有看使用說明的情況下開始切木材。機器堅固耐用，糊劑擠出頭運作也很順利。糊劑擠出往往要花上許多工夫嘗試，但2.0 SX省去不少麻煩。

所有工具頭都用Voxelizer軟體控制，一開始有點令人困惑。但摸索一陣子後便能理解其工作流程，能輕鬆更換工具頭而不需切換軟體更是加分。可惜的是，3D列印以外的功能說明文件不太夠用；有些工具使用起來很直覺，而ZMorph似乎也經常在更新使用說明。

一站式車間

ZMorph 2.0 SX豐富的工具頭組令人驚嘆，產出結果也符合預期。當說明書和軟體隨時間更新改善，這臺機器會變得愈來愈好。這類的混合式工具機一開始使用總是要花點時間才能運作順利，不過2.0 SX整體而言瑕不掩瑜。如果你想找一臺抵多臺的工具機，非它莫屬。

製造商 ZMorph

測試時價格 3,890美元

最大成型尺寸
有蓋250×235×165mm
無蓋300×235×165mm

列印平臺類型
3D列印時使用附熱床玻璃板，使用其他工具頭時可使用BuildTak、木板和金屬板

線材尺寸 測試時1.75mm（最大3mm）

工具頭
3D列印擠出頭、雙擠出頭、糊劑擠出頭、銑刀、雷射模組

開放線材 是

溫度控制
有，熱床（最高120°C）；擠出頭（最高225°C）

離線列印
是（SD卡、內部硬碟——也有USB、LAN連接埠，或可透過Wi-Fi連上路由器）

機上控制 有（觸控液晶螢幕）

主機／切層軟體
建議使用Voxelizer；Cura

作業系統
Mac、Windows、Linux（舊版只有Linux）

韌體 開源Smoothieware、GNU GPL

開放軟體
Voxelizer為閉源，但也可用開源的Cura

開放硬體
否（韌體開源，但並非所有硬體皆開源）

最大分貝 50.8

專家建議

查看使用說明庫——不斷增加的資料和說明文件能幫上你的忙。

慢慢來——設定和校正時不要趕。

別冒險——使用空間裡每個人都要帶雷射護目鏡或其他防護措施！

購買理由

未來感造型的多合一工具機，能產出出乎意料的理想結果。雖然有些細節仍需要微調，有的工具頭表現恰如其分，有的則表現出色。

zmorph3d.com

Christopher Garrison

就算它只有3D列印的功能，仍然能進入我們的推薦名單

BoXZY

桌上型數位製造界的搶錢黑馬

文：吉恩‧卡洛斯‧謝德拉　譯：Madison

BoXZY是一臺CNC銑床、雷射雕刻機和3D印表機三合一工具機。 堅固的鋁製框內有工業級的滾珠螺桿和磁力固定工作平臺。有這些高品質元件的加持，BoXZY似乎什麼都做得出來。

稱職的印表機

和其他大廠牌相比起來，BoXZY的3D列印能力在多功能工具機中表現不俗。0.4mm的噴頭可以輕鬆應付PLA列印。BoXZY社群甚至有如何加裝熱床元件的說明，給要用ABS或其他特殊線材列印的人參考。

能幹的 CNC 和雷雕機

BoXZY的CNC銑床表現與其他桌上型CNC銑床不相上下。搭載1¼馬力的Makita切割機，轉速10,000rmp～30,000rmp。因為配備試鑽板和金屬夾具，使用CNC銑床的準備工作相當輕鬆，但別高興太早，BoXZY只附贈1/4銑刀，並不適合精細或體積小的專題。市面上可買到非常精細的銑刀和夾頭。

當要幫專題最後精修外觀時，雷射蝕刻就能派上用場。2W雷射雖然不算特別強，蝕刻木頭、皮革、壓克力和許多其他材質仍然夠用。BoXZY軟體讓你可使用點陣圖影像甚至Inkscape外掛匯出自訂設計的G碼檔案。

多功能的幫手

工作室裡有這樣一臺多功能工具機，需要的時候馬上就能使用，實在很方便。如果你的預算足夠用一樣的價格買一臺3D印表機，何不選一臺能抵三臺用的？雖然BoXZY還有許多進步的空間，但就我目前的觀察，這臺工具機的後續發展值得期待。

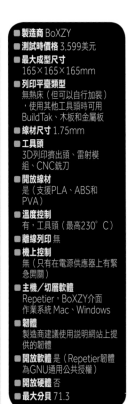

專家建議

不要移除快速替換頭套筒，否則可能影響機器歸位。

3D列印——用口紅膠讓列印出的第一層更穩固地附著在平臺上。

雷射雕刻——雕刻完畢後加入G碼關閉雷射，若雷射持續開啟，可能會把你的作品燒壞。

CNC銑床——注意隨附夾鉗的位置，當Z軸往上移時，夾鉗可能卡住機器。

購買理由

列印、蝕刻和銑削——這臺機器的彈性幾乎無敵。

- **製造商** BoXZY
- **測試時價格** 3,599美元
- **最大成型尺寸** 165×165×165mm
- **列印平臺類型** 無熱床（但可以自行加裝），使用其他工具頭時可用BuildTak、木板和金屬板
- **線材尺寸** 1.75mm
- **工具頭** 3D列印擠出頭、雷射模組、CNC銑刀
- **開放線材** 是（支援PLA、ABS和PVA）
- **溫度控制** 有，工具頭（最高230°C）
- **離線列印** 無
- **機上控制** 無（只有在電源供應器上有緊急開關）
- **主機/切層軟體** Repetier，BoXZY介面 作業系統 Mac、Windows
- **韌體** 製造商建議使用說明網站上提供的韌體
- **開放軟體** 是（Repetier韌體為GNU通用公共授權）
- **開放硬體** 否
- **最大分貝** 71.3

這臺BOXZY萬事通可以做很多事——而且做得很好

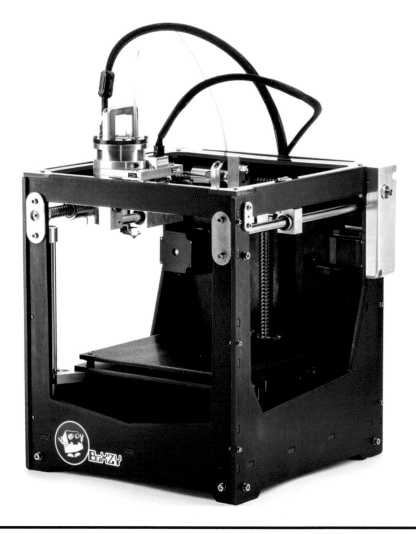

PRO4824
模組化、可擴充系統讓它的價格更有競爭力

文：麥特・史特爾茲　譯：Madison

過去幾年我多次研究CNC Router Parts的網站，試圖拼湊出一臺我想做的切割機。後來他們聯繫我，希望加入今年的評測，終於讓我有試用的機會了，而且我對試用結果感到非常滿意。

自訂組合

在CNC Router Parts，一切都是模組化、可擴充的。基本價格買的不是完整可用的機臺，只是個框架。你可以自己加上馬達和電路組、轉軸和固定配件、各式感測器以及其他延伸元件。當然，元件很容易愈買愈多，不過跟其他競爭對手比起來，還是有許多省錢的空間。

模組化系統想當然爾需要花很多工夫組裝，不過大多數大型機具也都或多或少需要設定。48"×24"的切割空間對傢俱等物件來說夠用，但你會需要裁切合板。比較勤勞的人會發現它們可以穿過合板，一次切割多片。如果想要升級到4'×4'甚至越級打怪挑戰4'×8'（可以放進整塊合板），CNC Router Parts有套件能讓你輕鬆升級。

我們的測試包括切割一張AtFab的椅子，過程很順利而且無痛。雖然CNC Router Parts與許多CAM軟體相容，但他們建議用Vectric的VCarve Pro，使用經驗的確相當棒，不管是幫你的設計製圖還是規劃機器的運作都很容易。

CNC Router Parts使用工業級的Mach3來控制。Mach3雖然功能強大，卻不是最直覺的。保留Mach3給老鳥用，提供另一個比較簡單的控制軟體，對新手會有很大的幫助。

更多可能性

大工作平臺的CNC雕刻機讓自造者有更多發揮創意的空間。PRO4824適合任何想要嘗試大型雕刻機，但又沒有足夠空間可放4'×8'合板的人。◐

cncrouterparts.com

● **製造商**
CNC Router Parts
● **基本價格** 3,500美元
● **基本價格包含之配件**
無，基本價格只含框，未附電子元件
● **提供測試之配件**
電路、轉軸、腳架組、Mach3軟體、接近感測器、Z軸設定工具
● **工作尺寸**
1,219×609×203mm
● **可處理材質**
木材、塑膠、泡棉、輕金屬
● **離線作業** 無
● **機上控制**
只有緊急停止和電源開關
● **設計軟體**
和許多軟體相容，但推薦Vectric的VCarve Pro
● **切割軟體**
Mach3
● **作業系統** Windows
● **開放軟體** 否
● **開放硬體** 否

專家建議

依需要加購組件能讓這臺機器功能強大，同時價格比部分競爭對手低。

購買理由

堅若磐石。第二，模組化。未來想要擴充到8'也沒問題。

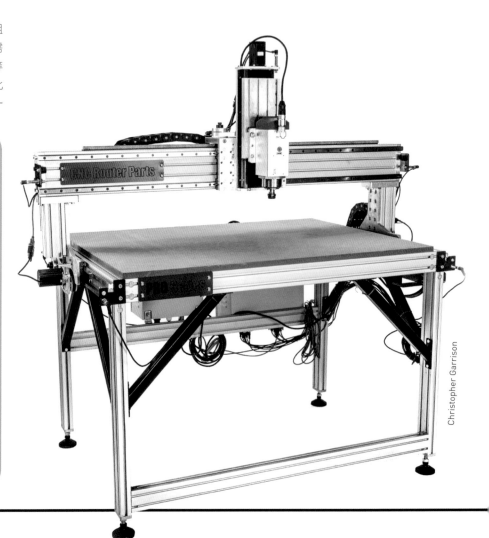

Christopher Garrison

PCNC 440

工作室級的尺寸，工業級的金屬加工能力

文：麥特・史特爾茲　譯：Madison

我們評測的大多數CNC工具機著重於切割木頭、塑膠和其他板狀材料，在金屬加工著墨較少。Tormach PCNC 440則專門用來切割金屬，而且適用多種金屬。當然，金屬很硬，加工難度比較高；對老手而言，440可以立即用來投入生產，但是要提升你個人的技術就不是那麼簡單。

值得的投資

豪華組合的價格可能是單機的兩倍，但包含多樣專門工具（測試儀表、自動冷卻液系統、外殼、一組銑刀、夾頭和刀架等），相當值得。

豪華組合中最重要的配件就是控制系統——一臺安裝了Tormach Path Pilot軟體的客製電腦。第一次開機時，會讓你選擇要連接的機器，然後上傳所有所需的設定。如果你決定不購買豪華組合，請注意：PCNC 440接到電腦的線是DB25，這種連接線現在一般電腦都沒有在用了。PCNC 440是鑄鐵製，需要升降機來舉起跟移動，因此強烈建議購買架子。

金屬加工考驗你的毅力

在我們測試的時候，切割木頭相當輕鬆順利——感覺好像可以像切衛生紙一樣加速切割（不過我不建議你這樣做）。不過，換成鋁材時，學習曲線就挺陡的了。Tormach網站上有些很不錯的教學影片，有個龐大的社群在產出內容。我建議Tormach製作一些鋁材的教學影片，包含如何使用內附的鑽頭和工具。

要學好PCNC 440要花不少工夫，但這臺機器適合任何想要鑽研金屬加工的人。●

Christopher Garrison

X-CARVE

文：珍妮佛．沙克特　譯：Madison

Inventables 的新機將讓你對減法製造上癮

這一代的X-CARVE是大眾桌上型CNC工具機的一大躍進。 加強過的龍門讓它的切割成果品質大幅超過前一代。新的夾頭系統可謂天才設計。更換刀頭的過程有那麼一點棘手（同樣問題在雕刻機中並不少見）。缺點是沒有控制落屑的設計，但你可以自己做一個簡單的吸塵器。

自訂組合簡單好用的 Easel

Easel是Inventables的網頁介面CAD/CAM軟體。它並不完美，但是CNC界第一個真正的入門等級介面──就算是最菜的新手也可以在第一天就做出可用的物件。進階的選單讓你可以自訂進料、速度、步距跟微調。

捨它其誰

無比簡單的介面、完全整合的工具鏈和支援社群，讓X-Carve超好上手。有經驗的使用者會欣賞它的多功能和完全開源的硬體。從500mm到1,000mm任君挑選。✓

- 製造商 Inventables
- 基本價格 1,329美元
- 提供測試之單機加配件價格價格 1,493美元
- 基本價格包含之配件 110V DeWalt 611轉軸和連接器、750mm廢料板組、750mm邊板組、X-Controller套組、NEMA 23 750mm馬達組、750mm托架組、750mm歸位開關組、Z軸探針、工具包、夾鉗組、數位卡尺、立銑刀、啟動器組、木頭和塑膠鑽頭組、精雕鑽頭組、木頭＋中密度纖維板材料組
- 提供測試之配件 我們測試的是中尺寸750mm版本，而非基本的500mm版本
- 工作尺寸 750×750×67mm
- 可處理材質 木材、塑膠、PCB、金屬
- 離線作業 無
- 機上控制 緊急停止，基本的啟動、暫停、停止等控制
- 設計軟體 Easel可用來做基本的設計，也可以使用其他任何向量軟體
- 切割軟體 Easel
- 作業系統 Windows 7或以上，OS×10.10（Yosemite）或以上
- 開放軟體 否
- 開放硬體 是

專家建議

超級簡單易用，2分鐘內就可開始雕刻。不過如果你是新手，請先看使用教學和論壇。

NOMAD 883 PRO

文：克里斯．耶埃　譯：Madison

幫你省事省力的高效能切割機

NOMAD簡約時尚的外型下是一臺高效能的桌上型CNC銑床， 有著能處理複雜專題的軟體套組。

出淤泥而不染的工具機

高效能Nomad 883 Pro出淤泥而不染，不容易被流放到車庫。我們切割了泡棉、蠟、木頭、塑膠，甚至在測試最後加上一些金屬，成果不但很棒，工作區還出奇地乾淨。它的工作臺尺寸偏小，Z軸探針除了可感測工具長度，還很貼心的能自動歸零。

新手老鳥都適用的軟體

Nomad的軟體包包括了適合新手的Carbide Create和比較進階的MeshCAM，兩種軟體都有設計製圖和簡化工具路徑的實用功能，設定中還有分厘顯示。說明文件還可以再多一些，不過Carbide 3D用電子報提供許多必讀小課程和教學。✓

- 製造商 Carbide 3D
- 基本價格 2,699美元
- 提供測試之單機加配件價格價格 3,100美元起
- 基本價格包含之配件 MeshCAM 3D CAM軟體、Carbide Create 2D CAD/CAM軟體、中密度纖維廢料板、1/8"ER-11夾頭和扳手、1/8"球刀、1/8"端銑刀
- 提供測試之配件 翻轉夾具、螺紋工作面、低階平口虎鉗、各種.125鑽頭（球刀和直刀）、多種材料
- 工作尺寸 203×203×76mm
- 可處理材質 木材、塑膠（ABS、壓克力、聚甲醛、HDPE）、PCB、1/4以內軟金屬（鋁、銅等）
- 離線作業 無
- 機上控制 開啟/停止
- 設計軟體 新手、簡單設計適用的Carbide Create；進階設計／複雜3D適用的MeshCAM。
- 切割軟體 Carbide Motion
- 作業系統 Mac OS X、Windows
- 韌體 GRBL板，上面跑的GRBL是開源、客製版本
- 開放軟體 否
- 開放硬體 是

專家建議

永遠記得要設置零點！辛苦那麼久卻看不到成果真讓人傷心。你可以用SVG做很多事，用圖層思考可以把複雜的專題變得容易。

Make：最新出版的《Getting Started with CNC》就是Carbide 3D這群人寫的，一定要看！

SHOPBOT DESKTOP MAX

文：庫特‧哈默爾　譯：Madison

將工作臺的能力發揮到極致的強大工具機

shopbottools.com

專家建議

隨附的廢料板可以在運送過程中更換。執行表面與溝槽銑削程式之前，確認廢料板位於工作床的正中間。

- ■製造商 ShopBot
- ■基本價格
  9,090美元
- ■提供測試之單機加配件價格價格
  9,285美元（包括195美元的Mini外蓋）
- ■基本價格包含之配件
  1/4"和1/2"套筒、套筒扳手、廢料板和Z軸歸零組合
- ■提供測試之額外配件 Mini外蓋
- ■工作尺寸 965×635×140mm
- ■可處理材質
  木材、塑膠（ABS、壓克力、聚甲醛、HDPE）、泡棉、鋁之類的軟金屬片可能也可以
- ■離線作業 無
- ■機上控制
  緊急停止和軸速控制
- ■設計軟體
  Vectric VCarve Pro可以應付部分設計工作和產生所需G碼。與多種其他設計軟體相容。
- ■切割軟體
  ShopBot控制軟體
- ■作業系統 Windows
- ■開放軟體 否
- ■開放硬體 否

結構更佳、框架更堅固、軟體更先進，ShopBot Desktop Max的專業能力和精確度都配得上它的售價。切割面積是它的親戚ShopBot Desktop的兩倍。雖然工作床放得下1/4塊合板（48"×24"），但Max只能切割前36"。不過，只要在製圖時用些技巧，將合板垂直翻面切割，就可以把整塊合板分兩個步驟完成。

強大的軟體

和ShopBot其他的銑床一樣，Max用業界最高等級的VCarve Pro產生刀具路徑。一般來說VCarve Pro的加購價格不菲。VCarve的易用程度讓初學者也能上手，而且功能強大可滿足幾乎所有CNC切割需求。Max的控制軟體是ShopBot 3（免費下載），在我們高齡10年的小筆電上也執行地很完美。

高價值

如果你預算夠，從比較小的Desktop和Buddy 32升級到ShopBot Desktop Max不用花到五位數的金額，相當值得。

MONOFAB SRM-20

文：庫特‧哈默爾　譯：Madison

順暢的工作流程和清楚的說明書提供了良好的使用經驗

rolanddg.com

Christopher Garrison

專家建議

如果你用空白鍵叫醒電腦，可能會不小心把任務給取消。要離開電腦前，最好先將VPanel軟體視窗最小化。

- ■製造商 Roland
- ■基本價格 4,495美元
- ■提供測試之單機加配件價格價格
  4,495美元
- ■基本價格包含之配件 切割工具、套筒、止付螺絲、扳手（7mm、10mm/0.28、0.39英寸）、六角扳手（尺寸2mm、3mm/0.059、0.12英寸）、定位銷、雙面膠帶
- ■提供測試之額外配件 無
- ■工作尺寸 203×152.4×60.5mm
- ■可處理材質
  模型蠟、木材、泡棉、壓克力、聚乙酸酯、ABS、PCB
- ■離線作業 無。切割時必須以USB連線至電腦，並執行SRM-20專用VPanel軟體。
- ■機上控制 只有電源開關
- ■設計軟體 簡單切割選Mill（V1.32），2D選iModela Creator（V1.2），3D選MODELA Player 4（V2.12）。
- ■切割軟體 VPanel
- ■作業系統
  Windows 7、8、10（32和64bit）
- ■韌體 專屬韌體
- ■開放軟體 否
- ■開放硬體 否

ROLAND是有口皆碑的電腦割字機品牌，經典的Modela MDX40 PCB銑床就是出自他們之手。他們的桌上型CNC monoFab SRM-20精準度和其他製造商旗鼓相當，但使用者經驗卻是無人能出其右。

從3D印表機學到的事

沒有花俏的燈光或功能，但是完整的說明書讓機器用起來非常順手。monoFab處理3D物件、2D物件和2D作業用的是三種不同的軟體，共同點是使用者友善。刀具路徑定義好後，按下「切割」開始動作，就像在一般3D列印軟體中點選「列印」一樣。你可以調整參數，但原始設定通常也能用。

操作符合直覺

如果你想要知名品牌出的小型CNC銑床，可處理小型的專題，且使用邏輯類似3D印表機，monoFab SRM-20會是首選。

CARVEY 2016
文：麥特‧道瑞　譯：孟令函

強大而安靜的性感機種

新一代Carvey的目標是將CNC工具機推廣給主流大眾──它配備了容易使用、以雲端為基礎的使用介面，並連接著一臺構造簡單的實體機器。

系統簡化

機器送到使用者手上時是組裝完成的

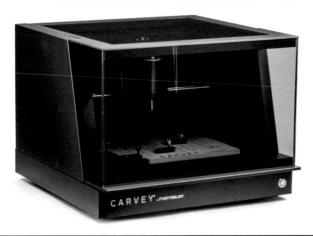

CARVEY® BY INVENTABLES

狀態，開機非常簡單，只要插入電源線和USB、從機器背後按下電源開關即可。它有自動歸零系統，開始進行切割時，切割頭會按下一個按鈕，並自動測量材料的厚度，然後開始啟動。Carvey原本的設計是用來跟Inventables的入門等級、網頁版本的Easel軟體一起作業，不過經驗豐富的使用者也可以用Easel進行轉換，另外使用更強大的軟體進行設計，將機器功能發揮到極致。

強大、靜音

Carvey外觀流線、性感，廠商所標榜的功能通通可以做到。這臺機器運作順暢且相當安靜，幾乎會讓人忘記它正在運作。如果你想添購一臺容易操作的桌上型機具，Carvey是個好選擇。◐

- **製造商** Inventables
- **基本價格** 1,999美元
- **提供測試之單機加配件價格** 1,999美元
- **基本價格包含之配件** 配備自動Z軸設定與創新式夾鉗系統的智慧型直角夾（¾"以上厚度的材料可使用）、3種不同長度的夾鉗（各5個）、2種不同高度的底座（各5個）、2個扳手、1個¹/₁₆"的硬合金鑽頭、1組游標卡尺。
- **測試額外配件** 無
- **工作尺寸** 290×400×70mm
- **可處理材質** 鋁、銅、中密度纖維板（MDF）、塑膠、壓克力、木頭、PCB板材
- **離線作業** 無
- **機上控制** 正面有「暫停」鈕
- **設計軟體** Easel
- **切割軟體** Easel 輸入SVG、G碼
- **作業系統** Mac、Windows
- **韌體** 客製
- **開放軟體** 否
- **開放硬體** 否

inventables.com

專家建議

如果你沒用過CAD/CAM，但是又想自己進行3D雕刻，先學著使用Fusion 360或MeshCAM等等的軟體吧。有使用Cam的經驗可以讓這臺機器的功能發揮得更好。

SHAPEOKO XXL
文：萊恩‧皮歐列　譯：孟令函

這臺桌上型的強大機種正好能展現你自造的決心

這臺開放原始碼XXL有原本SHAPEOKO 3機種四倍大的切割空間。只能以套件的方式購得，所有你需要的工具材料都會直接送上門，不過你愛用的切割板材就得自備了。

動力與控制

我們這次使用的試用機有配備一臺得偉（DeWalt）DWP611雕刻修邊機，不過Carbide 3D販售的套件則是讓使用者自備雕刻機。這臺1-¼馬力的得偉雕刻機搭配了4個NEMA 23步進馬達，用¼英寸的端銑刀切割我們準備的切割材料，簡單得就像用加熱過的刀子切奶油一樣。

SHAPEOKO XXL運送時會搭配Carbide Create一起出貨，可以簡化工作流程、將向量圖轉譯成G碼，再傳送給Carbide Motion軟體，Carbide Motion軟體則是負責控制機器本身的雕刻頭。

值回票價

XXL的功能和超大切割空間讓整個機器用起來非常划算，但要記得確定你的工作室裡有足夠的水平空間，因為XXL的工作空間可是有12½平方英尺的大小。◐

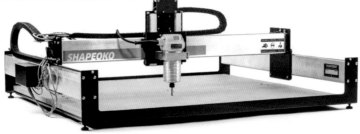

- **製造商** Carbide 3D
- **基本價格** 美金1,730元
- **提供測試之單機加配件價格** 1,730美元
- **基本價格包含之配件** 1個¼"的超硬端銑刀
- **測試額外配件** 無
- **工作尺寸** 838×838×76mm
- **可處理材質** 木頭、塑膠（ABS、壓克力、樹脂、HDPE）、PCB板材、厚度¼"以下的軟質金屬（例如：鋁、銅）
- **離線作業** 無
- **機上控制** 只有電源開關
- **設計軟體** 初階使用者/簡易設計可使用Carbide Create，進階設計/3D效果可用MeshCAM（兩者皆為該公司自行開發軟體）
- **切割軟體** Carbide Motion
- **作業系統** Mac OS X、Windows
- **韌體** Grbl板，Grbl是開放原始碼的，此為客製版本
- **開放軟體** 否，桌面軟體為公司內部開發而成。Grbl本身為開放原始碼，所有收益皆用來資助Grbl的發展。
- **開放硬體** 是

carbide3d.com

專家建議

將機器對準切割材料時，善用你鍵盤上的方向鍵，可以進行細微的方向調整。利用吸塵器的延伸配件，避免你的雙手在操作時受傷。

CAMM-1 GS-24

文：曼蒂·L·史特爾茲　譯：孟令函

這款勤奮的電腦割字機可處理多種材料

專家建議

綜觀這款電腦割字機的優缺點，雖然這臺機器的硬體表現非常傑出，並可適用於多種材料，但是它的搭配軟體有多種限制。它不支援Mac的作業系統，也不支援Windows 8.1以上的版本，所以你需要準備一臺配備未升級Windows系統的機器。

購買理由

Roland GS-24可以切割非常多種不同材質，熱轉印材質、布料、隔熱紙等等。大型的切割空間不僅可以操作大型設計的切割，也可以一次切割大量的小圖案。

- ■製造商
  Roland
- ■測試時價格
  1,995美元
- ■切割尺寸
  584×25000mm
- ■離線作業 無
- ■機上控制
  有（按鈕和控制桿可用來調整切割頭零點、切割材料位置調整、切割頭壓力、試切）
- ■控制軟體
  Roland OnSupport、Roland CutStudio，必須下載後才能使用。Adobe Ilustrator、CorelDRAW可用外掛程式
- ■作業系統
  Windows 7/8/8.1（32/64-bit）、Windows Vista家用進階版（32-bit）、商業版（32/64-bit）
- ■開放軟體 否

小至貼紙，大至招牌——各種大小的成品在Roland CAMM-1 GS-24電腦割字機的加持下，都可以出色地完成。 不管是切割自黏壁貼、熱轉印設計、紙張、層板，或是其他材料，這臺機器的表現都始終如一地強大。

軟體使用

雖然這臺機器本身在我們試用過的機種中表現非常頂尖，但是它搭配使用的兩種軟體——Roland OnSupport、Roland CutStudio在使用上就有不少限制。在本文英文版刊出前，它們都不支援最新版本的Windows或Mac作業系統。CutStudio用來做簡單的設計很方便，但是如果想要做更複雜一點的作品，就不太好操作了。你可以使用Adobe Illustrator或CorelDRAW的外掛程式，但你如果不是已經擁有以上兩種軟體，就得另外購買了。

機種定位

這臺機器不論做大規模或小規模的作品都很合適，可以用來做標語，也可以製作壁貼等其他成品。這臺切割機器很適合用於駭客空間或各種組織、團體，因為它可以用來製作各種宣傳標語。如果有預算，GS-24是個很棒的選擇。◢

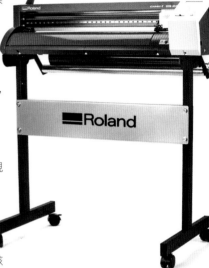

VOCCELL DLS

文：麥特·道瑞　譯：孟令函

這臺高品質的雷射切割機同時適合商用與業餘愛好用途

專家建議

Vlaser的預覽功能可以讓你預覽外觀、預估作業時間，甚至可以模擬你的製作成果。而雷射功能裡有「空間測試」，可以在雷射關閉的狀態下跑一次你的作品，就可以知道當下的位置設定是否恰當。

購買理由

雕刻是這臺機器的主要功能，40W的雷射管只能使用在0.313"（約8mm）以上厚度的材料。對製作招牌或雕刻師傅來說，只要長時間使用這款機器，讓它工作替你回本，以初期的工具投資來說成本會相對低廉。

- ■製造商
  Voccell
- ■測試時價格
  4,999美元
- ■工作尺寸
  546×349.25×114mm
- ■雷射管40W CO2雷射管
  4級雷射
- ■離線作業
  有（機器內建記憶體）
- ■機上控制
  有（操作面板、選單按鈕、分離式的機內燈光開關、e-stop開關）
- ■主要軟體
  Vlaser
- ■作業系統
  Windows XP、7、8（32、64 bit）、OSX 10.7
- ■硬體
  此機種專用
- ■開放軟體
  否
- ■開放硬體
  否

這臺Voccell DLS最強大的地方在於它在90 °F的工作溫度下，還能有100%的工作週期。 製造商是將這臺機器標榜為企業的賺錢工具來銷售，而非只是業餘愛好者的自造工具，不過就這臺機器的性價比來看，我認為這兩種使用方式都非常適合。

你是經驗老道的使用者嗎？

DLS在送達你家門時，就已包含幾乎所有開始使用時會需要的東西了。其中還包括了一疊預先切割好的材料，這樣你就可以實際測試這臺機器的能耐。就算你是使用雷射切割機經驗豐富的老手，我還是建議你要閱讀完所有的設定說明和教學指南，因為有些工作程序跟一般不太一樣。其中一個主要的差異是雕刻跟切割的步驟不能一次完成，因為它們使用雷射的方式不太一樣，需分開操作。

專心致志

我們在測試切割跟雕刻時都得到非常乾淨俐落的成果。你在瀏覽市面上各種機種時，DLS可能不像其他競爭者的產品一樣，有許多令人眼花撩亂的附加功能；但是我要強調，它是一臺好用、強大的雷射切割機，值得擁有！◢

ONES TO WATCH

矚目機種 這些機器肯定會成為新一代創新工具 譯：孟令函

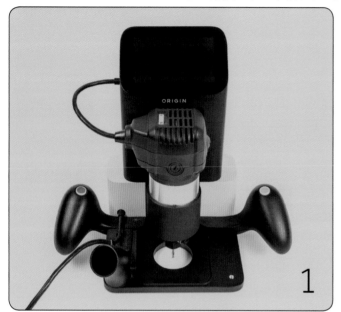

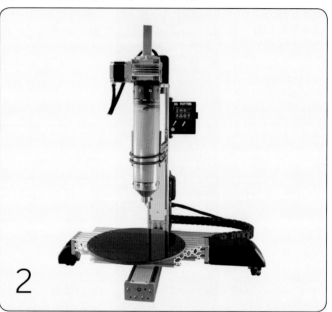

1

2

3

4

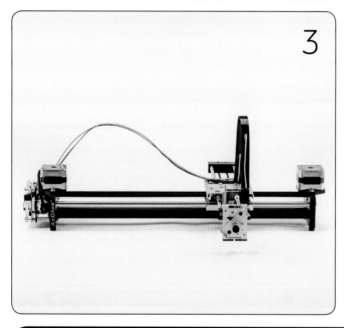

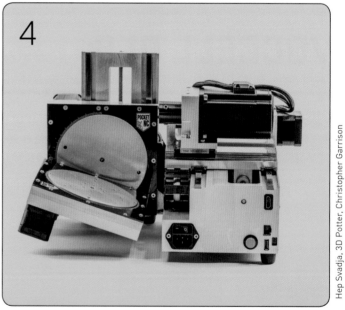

Hep Svadja, 3D Potter, Christopher Garrison

WAZER

- **■ 機器類型**
  桌上型水刀切割機
- **■ 基本售價**
  6,000美元
- **■ 產品網站**
  wazer.com

Wazer突破了只做大型工業機具的境況，開始提供適用於業餘愛好者及小型企業的切割工具，利用高壓水柱和研磨顆粒，幾乎可以切割任何材質。這臺新機種的Kickstarter募資專案在去年11月初就已結束募資，公司承諾會在2017年中開始出貨。原型機在切割玻璃、塑膠、鈦和其他多種材料上都有很流暢的表現；切割的最大厚度依不同材料有所變化，¼"的鋁和PC材料大約是最大限度。這臺機器的切割速度比工業用的機種來得慢，以成本效益來說可能也沒有把設計直接送到附近的專業切割店家來得划算，但是以就在手邊的方便程度來說，這臺機器勢必可以帶來改變。

——麥可・西尼斯

Wazer

1
SHAPER ORIGIN

- ■**機器類型** 手持輔助型切割機
- ■**基本售價** 2,099美元
- ■**產品網站** shapertools.com

Shaper Origin是一臺配備了約2英寸大小電腦的切割機,機器裡面的電腦裝置會以數值控制X、Y、Z軸的動向。結合了機械結構、相機鏡頭以及觸控式螢幕,它會在螢幕中顯示出你所設計的圖樣並投射在待切割的材料上。你要直接透過雙手操控這臺切割機,跟著數位顯示的切割路徑切割,Origin會自動以它小小的電腦機械結構控制不同方向的移動,確保切割頭穩穩地走在切割路徑上;如果切割頭離切割路徑太遠,機器會自動提起切割頭,避免你把作品切壞。

Origin有個很棒的特色,它在操作中加入了導圓角的功能,不過這項特色功能在Origin其他強大的技術層面功能相比之下,可能就比較容易被忽略。

不過Origin也有一個小缺點。我本來打算用4'×8'大小、¾"厚的合板做家具,不過我一興奮就忘了Origin的最大特色是:它們負責技術支援、使用者負責出力。所以我辛辛苦苦地切割了幾個小時板材之後,就轉而做其他作品了,到最後還是沒把家具做成。

——庫特・哈默爾

2
POTTERBOT

- ■**機器類型** 擠出式印表機
- ■**基本售價** 5,990美元
- ■**產品網站** deltabots.com

用濕潤的黏土來列印比用其他的材料來得有犯錯空間。PotterBot的「花瓶製作模式」讓製作各種高品質的容器變得無比簡單。沒有加熱頭代表使用者可以直接用手塑型,並自己另外在製作過程中加上黏土來支撐結構。列印的速度也夠快,成品列印出來時還是軟土的狀態,所以可以用雙手整理,使表面更平滑。PotterBot擠出材料的效果很好,經過燒製,成品可以跟傳統製法的陶器一樣堅固耐用,不過細節較多的設計,可能就會因為材質的限制難以完美達成。

PotterBot使用兩個非定向的輪子,在X、Y軸上做到流暢、不間斷的移動。它也有堅固的鋁製移動模架,用以支撐裝載黏土的容器,除此之外,雖然黏土跟馬達本身不輕,但模架幾乎沒有彎曲下陷的現象。裡面的DC伺服機非常棒,安靜、快速而且精準。

——湯姆・伯頓伍德和
鮑伊・克魯瓦桑

3
AXIDRAW

- ■**機器類型** 繪圖機器人
- ■**基本售價** 450美元
- ■**產品網站** evilmadscientist.com

AxiDraw一舉將過去的筆型繪圖儀轉變成現代的產物,不再沉重繁複。有了AxiDraw,你所有的數位畫作都可以在實體紙張上呈現,所有細節都精細準確。

觀賞AxiDraw運作是一件令人沉醉的事,我得先承認,當初第一次在他們網站上看到機器的樣子時,價錢嚇了我一跳,也想不通為什麼機體需要用銑鋁來製作。後來我一試用,就知道為什麼了。AxiDraw的機身結構確保它的機身在夾筆頭滑行、快速下筆在紙上繪製時不會移動。它強大的功能甚至可以複製簽名或手寫字。

——麥特・史特爾茲

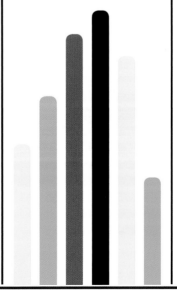

4
POCKET NC

- ■**機器類型** 五軸CNC
- ■**基本售價** 4,000美元
- ■**產品網站** pocketnc.com

除了一般市面上可見的CNC產品都有的前/後、左/右、上/下方向的移動方向以外,Pocket NC還可以在切割材料上做抬頭、旋轉的動作,讓切割頭可以幾乎不受限制的在切割材料上移動,切割出超複雜的形狀。

在這個好點子很容易在公布後馬上被學走的時代,Pocket NC卻沒有什麼製作同類型產品的競爭者,從這一點就可以得知:製作五軸的桌上型切割機可不簡單。要控制這臺機器不太容易,但是Pocket NC團隊持續透過Autodesk提供大家使用Fusion 360 CAM,來操控這臺多了兩個移動方向、更顯複雜的切割機。

機器本身配備的端銑刀可以切割木頭、塑膠、蠟質,以上幾種材料是這臺機器最適合搭配使用的切割材料。雖然Pocket NC有切割鋁材的示範影片,但機器本身沒有配備冷卻系統,所以可能還是避免切割金屬比較好。

Pocket NC的機械結構非常堅固,你一拿到可能會被它的重量嚇到。為了確保機體本身足夠堅固、可以承受五個軸向的移動,整個機器是以6061鋁合金製作而成。機體的導螺桿已經預先旋入,讓使用時的衝力可以降到最小,機器才能維持精準動作。

——麥特・史特爾茲

BY THE NUMBERS

分數評比 測試分數與機器規格比較 譯：編輯部

沒有任何機器是能為任何人做任何事情的；但藉由這些表格，能夠幫助你找到符合自己需求的桌上型數位加工機具。你可以到makezine.com/comparison/3dprinters/how-we-test/shootout瀏覽更多資訊與測試流程。

熱熔融沉積式印表機排行榜 （包括過去幾期中曾評測過的印表機）

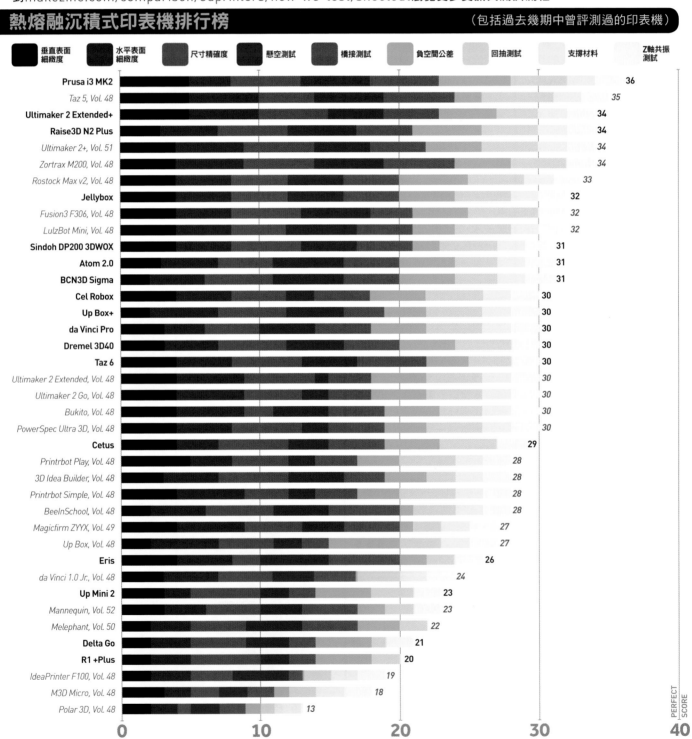

垂直表面細緻度	水平表面細緻度	尺寸精確度 懸空測試 橋接測試 負空間公差 回抽測試 支撐材料 Z軸共振測試

印表機	分數
Prusa i3 MK2	36
Taz 5, Vol. 48	35
Ultimaker 2 Extended+	34
Raise3D N2 Plus	34
Ultimaker 2+, Vol. 51	34
Zortrax M200, Vol. 48	34
Rostock Max v2, Vol. 48	33
Jellybox	32
Fusion3 F306, Vol. 48	32
LulzBot Mini, Vol. 48	32
Sindoh DP200 3DWOX	31
Atom 2.0	31
BCN3D Sigma	31
Cel Robox	30
Up Box+	30
da Vinci Pro	30
Dremel 3D40	30
Taz 6	30
Ultimaker 2 Extended, Vol. 48	30
Ultimaker 2 Go, Vol. 48	30
Bukito, Vol. 48	30
PowerSpec Ultra 3D, Vol. 48	30
Cetus	29
Printrbot Play, Vol. 48	28
3D Idea Builder, Vol. 48	28
Printrbot Simple, Vol. 48	28
BeeInSchool, Vol. 48	28
Magicfirm ZYYX, Vol. 49	27
Up Box, Vol. 48	27
Eris	26
da Vinci 1.0 Jr., Vol. 48	24
Up Mini 2	23
Mannequin, Vol. 52	23
Melephant, Vol. 50	22
Delta Go	21
R1 +Plus	20
IdeaPrinter F100, Vol. 48	19
M3D Micro, Vol. 48	18
Polar 3D, Vol. 48	13

0　　10　　20　　30　　40 PERFECT SCORE

※Vol.48請參閱國際中文版Vol.24；Vol.49請參閱國際中文版Vol.25；Vol.50請參閱國際中文版Vol.26；Vol.51請參閱國際中文版Vol.28；Vol.52請參閱國際中文版Vol.27。

機種	製造商	價格（美元）	成型尺寸	開放線材	列印平臺類型	離線列印	開放原始碼	總分	評測
Atom 2.0	Atom	$1,699	220×220×320mm	是	無熱床玻璃板	有（SD卡）	否	31	22頁
BCN3D Sigma	BCN3D	$2,695	210×297×210mm	是	附熱床玻璃板	有（SD卡）	否	31	Online
Cel Robox	Cel	$1,326	210×150×100mm	是	附熱床，PEI表面	有（開始列印後拔除USB）	否	30	22頁
Cetus	Tiertime	$299	180×180×180mm	是	無熱床鋁板	有（Wi-Fi）	否	29	Online
da Vinci Pro	XYZprinting	$699	200×200×190mm	是	附熱床鋁板	有（Wi-Fi）	否	30	Online
Delta Go	Deltaprintr	$499	115mm 直徑×127mm	是	無熱床鋁板	有（microSD卡）	否	21	Online
DP200 3DWOX	Sindoh	$1,299	210×200×195mm	否	附熱床，PEI表面	有（USB硬碟；有線LAN；無線LAN）	否	31	21頁
Dremel 3D40	Dremel	$1,299	255×155×170mm	否	無熱床塑膠板	有（USB硬碟）	否	30	Online
Eris	SeeMeCNC	$549	124mm 直徑×165mm	是	無熱床，BuildTak表面	無	是	26	Online
Jellybox	IMade3D	$949	170×160×150mm	是	無熱床鋁板	有（SD卡）	否	32	21頁
N2 Plus	Raise3D	$3,499	305×305×610mm	是	無熱床玻璃板，BuilTak表面	有（Wi-Fi、SD、內部儲存空間或USB隨身碟）	否	34	20頁
Prusa i3 MK2	Prusa Research	$899	250×210×200mm	是	附熱床，PEI表面	有（SD卡）	是	36	19頁
R1 +Plus	Robo 3D	$800	254×228×203mm	是	附熱床玻璃板	預設無（可選LCD及平板）	部分	20	Online
Taz 6	LulzBot	$2,500	280×280×250mm	是	附熱床，PEI表面	有（SD卡）	是	30	25頁
Ultimaker 2 Extended+	Ultimaker	$2,999	223×223×304mm	是	附熱床玻璃板	有（SD卡）	是	34	20頁
Up Box+	Tiertime	$1,899	255×205×205mm	否	附熱床，Up Flex板	有（開始列印後拔除USB；無線）	否	30	25頁
Up Mini 2	Tiertime	$500	120×120×120mm	是	附熱床，Up Flex板	有（開始列印後拔除USB；無線）	否	23	Online

CNC 工具機比較

機種	製造商	價格（美元）	工作尺寸	CAM 軟體	可處理材質	評測
Carvey 2016	Inventables	$1,999	290×400×70mm	Easel	木材、輕金屬、塑膠、PCB	40
MonoFab SRM-20	Roland	$4,495	203×152.4×60.5mm	Click Mill, iModela Creator, MODELA Player 4	木材、塑膠、蠟、泡棉、PCB	39
Nomad 883 Pro	Carbide 3D	$2,699	203×203×76mm	Carbide Create or MeshCAM	木材、輕金屬、塑膠、PCB	38
PCNC 440	Tormach	$4,950	254×158×254mm	Fusion 360	木材、金屬、塑膠、蠟、泡棉及更多	37
PRO4824	CNC Router Parts	$3,500（基本價格只含框架，不含電子元件）	1219×609×203mm	VCarve Pro	木材、輕金屬、塑膠、泡棉	36
Shapeoko XXL	Carbide 3D	$1,730	838×838×76mm	Carbide Create or MeshCAM	木材、輕金屬、塑膠、PCB	40
ShopBot Desktop Max	ShopBot	$9,090	965×635×140mm	VCarve Pro	木材、輕金屬、塑膠、泡棉	39
X-Carve	Inventables	$1,329	750×750×67mm	Easel	木材、金屬、塑膠、PCB	38

OPEN SOURCE IS POWER

開源即是力量

臺灣 ATOM 團隊推出開放原始碼 3D 印表機
向 Maker 致敬　文：顏妤安　圖片提供：Layer One 團隊

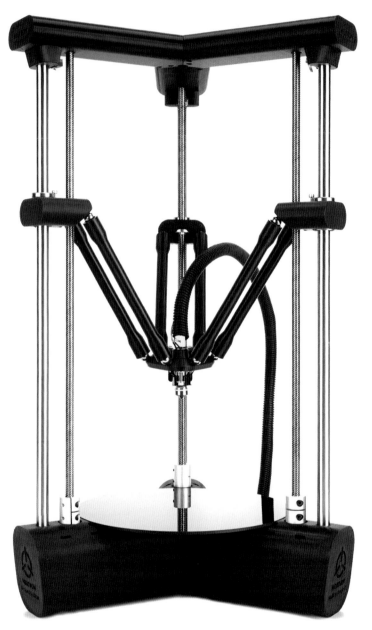

PROTON

ATOM

NEUTRON

2013年底，由臺灣團隊Layer One推出的全亞洲第一臺Delta型3D印表機「ATOM」在噴噴募資成功；兩年後，ATOM 2.0在臺灣及日本創下集資超過2,000萬臺幣的佳績。他們持續挺進國際市場，並憑藉著風格獨特的設計與精緻的列印品質，成為國內精品級3D印表機的領導品牌。

　　而在2017年，Layer One團隊抱持著一貫的Maker精神，推出了「Proton」與「Neutron」兩個開放原始碼3D印表機專案，嘗試在波瀾萬丈的國內3D印表機市場中開闢出新局面。本篇訪問到Layer One的創辦人李曜任（Lawrence Lee），一探這兩個專案的開發緣由，以及背後的期許為何。

低階市場百家爭鳴

　　據李曜任表示，「Proton」與「Neutron」其實早在2015年就已著手開發。「我們其實一直在思考低階的消費機器到底該不該進臺灣。」在所推出的ATOM成功佔有精品3D印表機的一席之地，也建立起屬於自己的社群後，Layer One原本有另闢低階市場的打算；但隨著推出低階印表機的廠商愈來愈多、售價僅幾百塊人民幣的大陸低價3DP套件也強勢搶攻，他們便暫且擱下將它做為商品推出的想法。在3D列印逐漸走向M型化發展的趨勢下，取代性高的低階產品可說是多如牛毛，看到了這樣的情況，李曜任索性念頭一轉：「既然找不到合適的切入點，那不如將專案開放出來，讓大家一起參與。」

喚起臺灣的開放精神

　　ATOM的誕生原本就受惠於開放原始碼，因此即使是做為高階商品推出，也依然保留部分開源，並透過用戶的回饋一步步進行改良。但李曜任不諱言，其實在國

內，願意做到這樣的廠商不多。雖然許多國外開發者都將「開放原始碼」視為一件神聖的理想；但在臺灣，大多數廠商即使販售了開源機器（如Prusa）的複製版，也不見得會遵照開放原始碼的規範將修改過的部分開放出來。而從大陸進來的廉價套件，使用者買了之後就像是孤兒，沒有社群與技術支援，甚至「一打開連一張紙都沒有」。看著市面上的複製機愈來愈多，但卻沒辦法成為使用者相互交流的平臺，「Proton」與「Neutron」的釋出，正是想重新喚起開放的精神。「我們希望讓大家看到：有一個東西是就算能夠成為商品，我們也願意把它open出來的。」他如此表示。

為了能讓「Proton」與「Neutron」成為適合開放原始碼的專案，到今年正式發布前，Layer One團隊也花了不少心力進行微調與整理，力求一切簡化，做到零件最少、成本低，讓使用者易於製作，而又不失自己特有的設計語言。李曜任笑著說：「決定要開放之後，整個心態就會不一樣了。」與使用皮帶的ATOM不同，兩臺印表機的最大特色在於採用螺桿製作，「這其實只是為了好看。雖然使用螺桿並不會讓印表機的性能特別好，但運作的時候，不管是發出的聲音或動起來的樣子都很有趣。」他玩心十足地說道。

「往後站一步」

對有興趣的Maker而言，「Proton」

與「Neutron」可能會成為他們接觸3D列印的第一塊敲門磚；對Layer One團隊而言，他們則希望「往後站一步」扮演觀察者的角色，看看臺灣的社群會如何發展。李曜任表示：「我們樂見大家自己蒐集零件、列印、改裝，甚至是將這兩個專案變成商品，那一定會很有趣。同時，我們也會希望大家將自己的成果開放出來。」據他所說，目前已經有Maker自行發起零件團購，數量多達一兩百組。儘管現在還不能斷言這兩個專案究竟能夠激盪起什麼樣的火花，以及後續產生的效應為何，但所有人都引頸期盼。或許正是這種有如冒險般的心境，才能成為催生開放原始碼專案，以及讓它走得更長遠的力量。

另一方面，Layer One團隊也持續進行ATOM 3.0的開發計劃（ATOM 2.0評測請見P.22），這臺印表機將會更高階、更適合商業用途，但同時保留給Maker的友善空間——好改裝、絕大部分開放。ATOM 3.0預定最快於年底前發布，相關資訊請密切注意atom3dp.com。 ◓

Layer One Labs
2013年以全亞洲第一臺Delta型3D印表機ATOM募資成功，成為臺灣3D列印的領導品牌。不但是開發者，也同時扮演著重度使用者的角色，希望能帶給Maker們最好的使用體驗。

PROTON

- ■機器類型 XY-Z型
- ■成型尺寸 180mm×180mm×150mm
- ■線材類型 直徑1.75mm PLA
- ■層高 最小0.1mm／最大0.3mm

NEUTRON

- ■機器類型 Delta型
- ■成型尺寸 直徑140mm×200mm
- ■線材類型 直徑1.75mm PLA
- ■層高 最小0.1mm／最大0.3mm

你可至atom3dp.com/zh/mini瀏覽更多Proton與Neutron資訊、下載所需檔案，以及分享自己的作品。

FABULOUS FABRICATION

驚豔的數位製造 9 個你可以自行打造的聰明創作

文：艾瑞克・朱
譯：編輯部

這裡有一些我們最喜愛的專題，由Maker、設計師或藝術家創造——其中大部分都是開源的，因此你可以自己動手製作或是改良。

GENSOLE
特製鞋墊
來源：GYROBOT
gensole.com

每個人的腳型都不相同，要找到完美契合的鞋墊可說是難上加難。Gensole網站App用3D腳型掃描來生成可列印的特製鞋墊，可以為足部提供完整的支撐。

鹿頭掛物架
makezine.com/go/deer-rack

你可以用CNC切割機及½"（12mm）合板打造這個仿鹿頭標本掛物架，可以用來掛你的帽子、飾品甚至是你的自行車。

世界最大的3D筆作品
來源：NISSAN
makezine.com/go/3d-drawn-car

這個用3D筆繪製的全尺寸Nissan Qashqai模型總共花費800個小時才製作完成。這是如何辦到的呢？他們先完成部分車體，之後再組裝起來。你可以試著打造你自己的版本（雖然可能會稍小一些）。

PIP小箱子
來源：ANDREW ASKEDALL
thingiverse.com/thing:1766512

打造這個可堆疊、一體成型的小抽屜來放置你的小東西和小工具吧！它們本身是固定在一起的，所以你不用擔心抽屜會掉出來讓東西灑滿地。

Drills

Bolts

QASHQAI

CAMPBELL小盆栽
來源：AGUSTIN FLOWALISTIK
thingiverse.com/thing:1625573
利用不要的湯罐或汽水罐種植新盆栽吧！這個3D列印的自動澆水盆器剛剛好符合標準罐子的大小。

艾瑞克·朱
Eric Chu
一個以生活方式為中心的工業設計師，樂於為日常生活中的問題尋找有創意且令人愉快的解決方案。發現新食物以及新烹調方法是他畢生任務。

桃綠骨牌排列機
來源：GREG ZUMWALT
thingiverse.com/thing:1660937
不論是小孩子或大人，在排列骨牌時都會十分恐懼：只要稍有不慎，辛苦排列的成果都將付之一炬。這臺神奇的小機器能自動將骨牌排列完成，不用擔心會有什麼閃失。

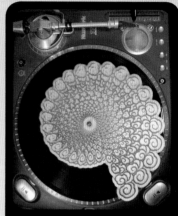

SLO 3D
列印照相機
來源：AMOS DUDLEY
pinshape.com/items/25871
我們曾經看過3D列印的針孔照相機，但這可是世界第一臺完全用3D列印製作、可替換鏡頭的照相機，整臺都是由Formlabs的Form 2 SLA樹脂印表機印出。雖然其鏡頭需要費力地打磨，但這個專題仍然很酷！

Z手提包
來源：DRAGON MOUNTAIN
　　　　DESIGN
dragonmountaindesign.
com/z-purse
這個具有彈性的手提包使用NinjaTek的SemiFlex線材打造，沒有使用任何黏著劑或扣件，而是以邊緣的T形槽組裝在一起。背到大街上去展現你對3D列印的愛吧！

雷射切割費納奇鏡
來源：DREW TETZ
makezine.com/go/
laser-phenakistoscopes
用雷射切割機切割完成後，放到轉盤上旋轉，以閃光燈、智慧型手機或錄影機觀看，這類類似西洋鏡的道具就會產生令人目眩神迷的動畫效果。

Agustin Flowalistik, Formlabs, Greg Zumwalt, James Drachenberg, Drew Tetz

Nissan

QASHQAI

PRINT-À-PORTER

文：薩倫・科恩、
哈羅・羅德里格斯
譯：呂紹柔

列印成衣 用這些新技術直接在布料上進行 3D 列印

**薩偏・科恩
Sahrye Cohen**
來自舊金山的衣商
兼設計師，運用電
子元件與互動材料
製作高科技時裝。
她的作品曾於加拿
大卡加利、舊金山
灣區，以及中國廈
門的舞臺展出。

**哈羅・羅德里格斯
Hal Rodriguez**
主修設計，但是後
來走上程式設計之
路。目前熱衷於探
索如何結合
時尚與科技。

想在你的下一件洋裝上加入3D列印
的設計嗎？或是在你的上衣、翻領
夾克加些巧思嗎？你可以用標準PLA、
ABS，或是其他常見的線材，直接3D列
印在任何布料上。下面提到的技巧可維持
布料本身的可塑特質，不需要特殊的線材
就能將3D元素和你的服裝永久結合。

列印於薄紗、蕾絲與網狀衣料

這種方法適用於網狀、薄紗、蕾絲，以
及其他類似的有孔布料。你可以買幾碼布
料，或是使用現成衣服上的薄紗、蕾絲或
網狀部分。這個方法的關鍵在於列印了幾
層後，要暫停列印，讓布料可以夾在成型
的線材層中間。

1. 選擇你想列印的模型。小型設計、字
母、一排幾何圖形都是不錯的選擇；元素
與元素間未預留空間的大型設計則可能
會降低彈性。

2. 將你的模型切層並轉換成G碼。我們
發現對大部分的模型來說，15％～30％

Farzana Khimani

A

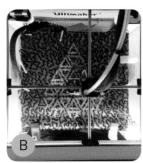

B

C

的填充率最適當。如果你是用Cura來進行切層,有個外掛讓你可以在G碼中加入暫停。將暫停設定在列印兩至三層之後。

3. 列印出你設計的前兩到三層(圖 A),然後暫停印表機(如果需要的話可使用印表機的手動模式)。

4. 小心地將布料平放在你的第一層列印上(圖 B),這個方法的優點之一,便是你知道設計應該印在哪裡,因此可得知放置布料的準確位置。如果你要呼應布料上相同的設計,或是想使用3D列印元素增強衣服上原有的2D設計,這樣做會有很好的效果。

在成型平臺上順一下布料,用小塑膠夾或衣服別針拉緊固定。確定布料不會被印表機移動的任一個部分捲進去,噴頭列印的時候也不會撞到夾子。

> **警告:**
> 暫停中的擠出頭很燙!別碰!進行此步驟時可以戴上工作手套。

5. 繼續列印(圖 C)。留意接下來的幾層列印,確定擠出頭沒有過度推擠布料。有一些小皺褶不是太大的問題,但是如果列印出來的東西不在中間問題就大了。

當列印完成,等待成型平臺跟噴頭冷卻後,小心地移除你的布料夾層。現在你可以穿上你超棒的服裝,或是用你的3D布料做些令人驚豔的東西。你可上 makezine.com/projects/how-to-3d-printon-tulle-net-or-lace-fabrics 瀏覽完整過程。

列印於平織與針織衣料

在你的T恤上印個3D logo!你可以用常見的線材,直接在針織(如T恤)和平織(如禮服用襯衫)上進行列印。按照前面所述的步驟,但是掠過夾層法,只須將你的設計印在衣服的正面(或反面)(圖 D 與 E)。

接下來,為了確保列印物能夠固定,請使用布料膠水加強。在你衣服內側列印物的背面塗上足夠的膠水,要足以穿透布料,固定住印在正面的設計。在衣服的正面,也可以用尖細物沿著列印邊緣與布料相接處上一層薄薄的膠水。想知道更多,請瀏覽 makezine.com/projects/how-to-3d-printdirectly-onto-t-shirts。◗

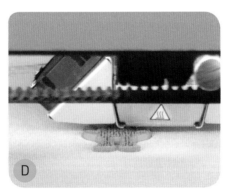

D

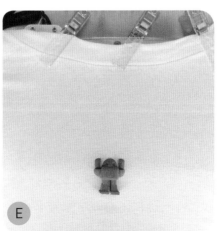

E

Sahrye Cohen (A-E), Hep Svadja, Kristin Neidinger

G碼解密：會說話的CNC

G-CODE:
SPEAKING CNC

文：愛德華・福特
譯：屠建明

了解 CNC 指令，從檔案中理出頭緒

想知道更多嗎？

本篇教學摘錄自《Make: Getting Started with CNC》。這本書為您概括說明了如何使用容易取得、適合業餘Maker的切割機。可至Maker Shed（makershed.com）及美國各大書局購買。

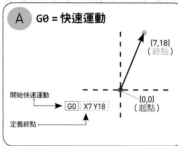

A　G0 = 快速運動

開始快速運動
定義終點
G0 X7 Y18
（7,18）（終點）
（0,0）（起點）

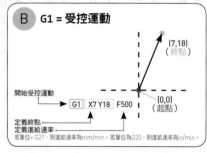

B　G1 = 受控運動

開始受控運動
定義終點
定義進給速率
G1 X7 Y18 F500
（7,18）（終點）
（0,0）（起點）

若單位= G21，則進給速率為mm/min。若單位為G20，則進給速率為in/min。

G碼（G-code）是CNC工具機能解讀的純文字語言的通稱。

如果你使用的是現代桌上型CNC工具機和軟體，你永遠都不用手動輸入G碼，除非你真的很想。這項工作都是交由CAD／CAM軟體和機器控制器來處理。然而，有些人（尤其是Maker們！）就是想知道箇中原理。

G碼檔案為純文字檔，雖然並不是寫來給人類解讀的，但我們還是可以從檔案一窺其中的運作情形。G碼是我們用來告訴控制器要進行何種運動的方法。以下是最常見的指令和其原理。

G0 ／ G1（快速／受控運動）

G0指令會使機器全速移動到G0後的座標（圖 A）。這時機器會以協調的動作移動，且兩個軸會同時完成移動。G0不會用在切割上，而是用在使機器快速移動到開始工作的位置或同一項工作中另一個動作的位置。以下是一個快速（G0）指令的範例：

G0 X7 Y18

G1指令（圖 B）和G0類似，但它是告訴機器以稱為進給速率（F）的特定速度移動：

G1 X7 Y18 F500

G2（順時鐘運動）

將模式設定為G2，並指定距離中心的位移（圖 C 、 D），會產生起點和指定終點之間的順時鐘運動。

G21 G90 G17
G0 X0 Y12
G2 X12 Y0 I0 J-12

G2的起點是下達G2指令前的機器位置。最簡單的做法是把機器移動到起點後再下G2指令。

G3（逆時鐘運動）

與G2相同，G3指令會在兩個點之間產生弧線。不同的是，G2指定順時鐘運動，而G3指定逆時鐘運動（圖 E）。以下是能有效產生G3運動的指令組合：

G21 G90 G17
G0 X-5 Y25
G3 X-25 Y5 I0 J-20

G17／G18／G19（作業平面）

這些模式用來設定要加工的平面。G17是最常使用的，也是多數非工業級機器的預設模式，但在三軸機器上可以使用另外兩個平面：

- G17 ＝ x/y 平面
- G18 ＝ z/x 平面
- G19 ＝ y/z 平面

G20 ／ 21（英寸或公釐）

G21和G20指令用來決定G碼的單位，可以選擇英寸或公釐：

- G21 ＝公釐
- G20 ＝英寸

以下是設定為公釐的範例：

G21 G17 G90

G28（參照起始位置）

簡單的G28指令會把機器帶回起始位置。在返回起始位置前，可以透過新增座標來定義中介點（來避免碰撞），如以下範例：

G28 Z0

有些機器需要G28.1指令來定義起始位置的座標：

G28.1 X0 Y0 Z0

Christopher Garrison

愛德華・福特
Edward Ford
Shapeoko 的設計
與發布者，同時
協助創辦 Carbide
3D，負責領導
Shapeoko 產品線
及開發其他優秀的
桌上型製造軟體
與設備。

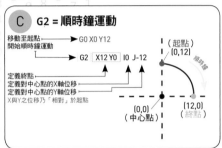

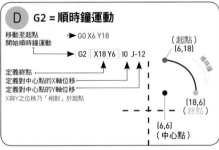

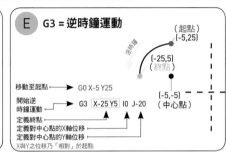

G90（絕對模式）

G90 會把單位做為絕對座標解讀。這是非工業級 CNC 機器最常用的模式，也是「預設」模式。

顧名思義，絕對座標的解讀是絕對的。G0 X10 會把機器移動到 x = 10，而不是從當前位置的 x 軸「加 10」的位置。

G91（遞增模式）

遞增模式是與 G90 相反的模式，它代表下達的每個指令會把機器移動到當前位置加上指令中指定距離的位置。

舉例來說，在遞增模式下，不論當前位置為何，G1 X12 都會將機器在 x 軸上推進 1 個單位。

G 碼規則

和數學算式一樣，G 碼有自己的運算順序。以下是依優先順序排列最常見的運算（即首先解讀註解，最後解讀更換工具）：

● 註解
● 進給速率
● 轉軸速率
● 選取工具
● 更換工具

下達 G 指令時，機器就會進入該模式。如果下達 G1 指令，例如 G1 X5 Y13，則機器會移動到 X5 Y13。

如果你下達另一組座標，不用再使用一次 G1 指令；這是因為機器現在處於 G1 模式，直到被變更為 G0、G2 或 G3 等等。

進給、速度與工具

簡單的 G 碼可以用來設定速度、進給和工具的參數。

F 代表「進給」（Feed）

F 指令用來設定進給速率；使用 G1 時，機器會以所設定的進給速率運轉，而後續的 G1 指令會根據該 F 值執行。

如果進給速率（F）在第一次呼叫 G1 前尚未設定，則機器會發生錯誤，或者會以「預設」的進給速率運轉。以下是有效的 F 指令範例：

G1 F1500 X100 Y100

S 代表「轉軸速率」（Spindle Speed）

S 指令用來設定轉軸速度，通常以每分鐘轉速（RPM）為單位。以下是有效的 S 指令範例：

S10000

T 代表「工具」（Tool）

T 指令和 M6 指令並用（M 碼是機器的「動作碼」），指定執行當前切割檔案要使用的工具：

M6 T1

在工業級的機器上，M6 T 指令通常會以自動換工具機來更換工具。在沒有自動換工具裝置的非工業級機器上，下達 M6 T 指令一般會使機器對自己下達暫停進給指令，等待操作員更換工具，並於按下「繼續」按鈕後重新開始運轉。◐

UNITED STATES OF WOOD

木造美利堅合眾國 文：諾亞·洛朗 譯：葉家豪

切出自己家鄉——或是全國的地形浮雕圖！

材料

■ 木材，2"～3"厚
總共約60板英尺
（1板英尺
（board-foot）
為1英尺長、1英尺
寬且1英寸厚的
木材體積）

工具

■ CNC雕刻機
■ 電腦及CAM軟體

時間

■ 3～4小時（雕刻每一州所需的時間）

成本

■ 200～1,000美元

諾亞·洛朗 Noah Lorang

白天是工程師轉職而成的數據分析師，平日晚上和週末假日則是手工藝品專家。他用自製的CNC雕刻機親手打造木造家具及其他木製品。

從去年開始我就想用CNC雕刻機、一系列免費軟體（USGS data、QGIS、MeshLab）和Autodesk Fusion 360軟體，做一幅木造的巨型美國地形浮雕圖掛在我家牆上。

最後的成品是令人印象深刻的龐然大物，7英尺寬、4英尺高，並且突出牆面大約3.5英寸。我一共用了15塊木材：橡木（紅橡木及白橡木）、樺木、白蠟木、白楊、胡桃木、楓木、白胡桃木、櫻桃木、雪松、非洲及洪都拉斯桃花心木、松樹、及另外兩塊神祕的木材。整件作品完全用我自製的CNC雕刻機，以及做完其他專題的剩餘材料，所以我總共只花了200美元在CNC

雕刻機的刀頭及其他耗材。並一共花費200小時來完成3D模型繪製、CAM程式碼、備料、裁切、組裝及完工作業。

將海拔資料轉換為 3D 檔案

我從美國地質調查局EarthExplore網站（earthexplorer.usgs.gov）的GTOPO30資料庫下載GeoTIFF資料，它用灰階圖像的數據值來表示不同的海拔高度。

透過QGIS（qgis.org）免費開源圖資資料庫上的資料，我加上了各州邊界標示（圖 Ⓐ），將各州轉換成我可以使用的座標系統（我終於搞定了藍伯特正圓錐投影法（Lambert conformal conic

Noah Lorang

projection）），並且匯出成ASC檔（ArcInfo ASCII Grid）。

接著，我用AccuTrans 3D軟體（micromouse.ca）將每一個ASC檔案轉換成3D網格（STL檔案格式）。為了能更凸顯地形地貌的圖像特徵，我把海拔相對於經、緯度的比例拉長了4倍（圖 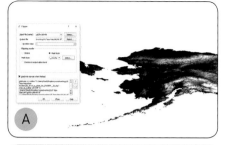B），設定最大高度為3½"。不過事後看來，3½"太高了——我發現很難找到適合的木材來做出這麼高的山；找到之後更耗費了不少精力切削雕塑，而且成品看起來太尖銳。如果我再重做一次的話，我會將最大高度設定為約2"。

再來，我用MeshLab（meshlab.sourceforge.net）「破壞」每一個3D網格至小於10,000個面，這樣CAM軟體才能夠處理這些數據。

最後，用Autodesk Fusion 360把經過上述處理後的3D網格轉換為「物件」，將平滑的底部排列於三維空間的Z平面，然後移動這個物體與z平面相交。如此你就能畫出一個州的完美模擬輪廓草稿。通常畫完的草稿圖都有封閉的線條，這樣一來草稿就完成了——不過偶爾得手動連結一些開放線段，或刪除一些島嶼。

設定 CAM

在Fusion 360（或是你選擇的CAM軟體）設定你慣用的座標系統和材料尺寸。我通常會將木材的左下角底部設定為X、Y平面的起點0，再把Z平面起點設定為桌面。

整個作業過程中，大部分的州我用三樣工具來設定五個CNC設備的控制選項：

1. 在3D adaptive clearing（適應掃料）操作選項下，用½"的刀頭進行¼"刀頭的操作模式（圖 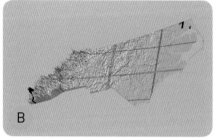C）。如此可以快速又安全的移除大部分切割下來、又分布在「州界」內的材料。

2. 在2D contour（2D輪廓）操作選項下，換用同樣的½"刀頭，可以利用刀身的體積來最大限度的描繪出州邊界。這個操作會移除所有在州界以外的所有東西；這也是實際動工之前所完成的「草稿」（選擇完成的草稿以進行切削作業）。

3. 在parallel pass（roughing）（平行切削（粗加工））換用¼"球頭立銑刀、⅛"步距，可以把木材削到剩0.100"。

這個做法比適應掃料能完成更精細的作業，而且之後的精細加工階段，可以減輕對刀頭帶來的負擔。

4. parallel pass（finishing）（平行切削（精加工））作業時換用長的⅛"球頭立銑刀、和0.01吋步距。

5. 最後的2D contour pass（2D輪廓切削）換用⅛"刀頭可以清理½"刀頭做不到的地方。

你必須對你的機器研究透徹，包括如何才能讓其發揮最大效用、可使用的相容工具，以及機器作業的誤差程度。事後看來，我原本可以花更多在調整州界的線條，這樣就可以直接用⅛"刀頭作業。也因為如此，我花了相當多時間來削磨銳利的邊角，以讓整張地圖可以整齊地拼接在一起。

CNC 雕刻機裁切實作

我自製的CNC雕刻機（部分靈感來自於CNCRouterParts）的切割活動範圍大約是4"×4"的大小，不過用更小的機器例如Shapeoko或X-Carve也能完成全美地形圖。

為了將木材固定在工作檯上，我試了各種不同固定材料的方式，最後在我用螺絲弄壞了好幾組材料和立銑刀後，我選擇用熱熔膠固定木材。在木材和工作檯之間平均塗上高品質的熱熔膠後，即可將木材牢牢固定在工作檯上，並可承受劇烈的機器加工；完工後，用刮刀和鐵鎚又能很快分離作品與機器。雖然用這個方法會稍微破壞工作檯面，但其實也無傷大雅。

在圖 D 中，愛達荷州已經做完適應掃料、以及用½"刀頭做第一次輪廓描繪。切換工具的時候，我把剩下用不到的木材部分全部切除，以免不小心被接下來要使用的工具誤傷。圖 E 同樣是愛達荷州，已經用¼"球頭立銑刀做完粗加工——這時候看起來已經有地形圖的樣子了，只是還缺少相當多的細節。圖 F 中，該州已經用⅛吋球頭立銑刀做完大部分精加工，整件木雕輪廓看起來相當銳利。

加工完成後，將它擺到與其他各州相對應的位置，再上一些蟲膠就完成了。接下來，只要重複上述的步驟49次，作品就大功告成了！ ◈

你可以在 makezine.com/go/cnc-usa-topo-map 上瀏覽詳細的步驟指引以及分享你的作品。

PICKING A CLASSROOM PRINTER

文：尚恩・葛萊米斯
譯：編輯部

挑選教室用印表機 想讓你的學生能快速製造原型？這些準則可以助你一臂之力

尚恩・葛萊米斯
Shawn Grimes
現任 Digital Harbor Foundation 執行董事。
Digital Harbor Foundation 致力於以科技和 Maker 技術開發兒童及教師的創意和生產力。

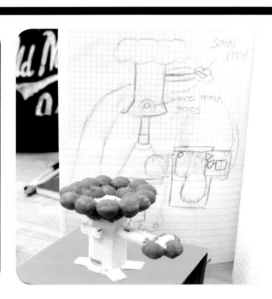

許 多要讓學童接觸 Maker 工具的國家政策都已開始實施，其中也包括了 3D 印表機。當學校和教師們開始尋找合適的 3D 印表機時，他們必須了解：適合學童在教室裡使用的機臺，與業餘愛好者及專業 Maker 所用的機臺截然不同。以下列出幾項重要的準則，讓教師們評估何種 3D 印表機最適合在教室內使用。

1. 可靠度

3D 印表機會壞，即使你花了很多錢購買也是一樣。教師和學校的 IT 工程師平常的工作量就已經很緊繃了，如果還要時常修理 3D 印表機，一定會怨聲載道。你可以從 Make:、3dhubs.com 網站或是到附近的大學打聽是否有推薦的機臺，或是加入 twitter 的 #edtechchat 對話詢問教師們都花多久時間修理機臺。

2. 速度

3D 列印是一種「快速」打造原型的方式，但你要知道這是一個相對的詞。即使是一個小專題也可能要花 45 分鐘以上列印，這等於一整堂課的時間了。所有的 3D 印表機列印的速度都不會很快，但你要確保不會挑選到特別慢的。50 公厘／秒（mm/sec）以上就可以了。

3. 列印品質

針對學童使用的 3D 印表機，解析度其實不如你想像的那麼重要。當小孩子看到自己的數位作品變成實際的物品，通常都會很驚奇。他們並不會在意成品中 200 微米和 300 微米之間的差別。

4. 售價

3D 印表機的售價已經大幅下降過了，且並不一定是一分錢一分貨，因此你可以在任何預算範圍內找到許多選項。請注意機臺是否有專用的線材，因為通常使用標準線材會比較便宜。

5. 尺寸

通常我們會建議 3D 印表機愈大愈好，但為了教學，你還是要考慮再三。當印表機的平臺愈大，學生想印的作品就會愈大，這代表所需時間也愈長。先花些時間使用較小的 3D 印表機，若有學生有興趣或是有特殊需求，再給他們使用較大的機臺吧！

6. 數量

擁有更多 3D 印表機，便能給更多學生使用，若有幾臺壞了還可以做為備用。我強烈地建議：給學生使用的 3D 印表機，數量要勝過品質。使用相同的機型也可以確保你有足夠的備品，也不用再多學一種工作流程。

Digital Harbor Foundation

3D PRINTER
HACKS AND MODS

文：史賓塞・札瓦斯基
譯：謝明珊

3D印表機大改造 讓你的印表機好上加好

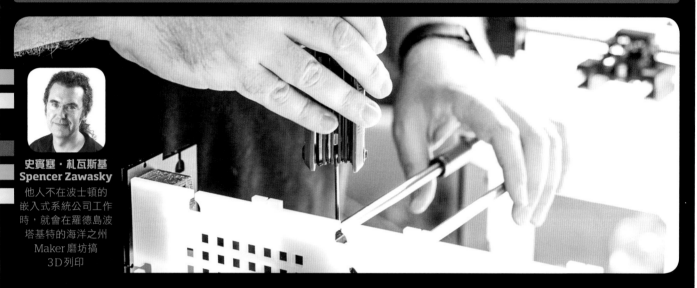

史賓塞・札瓦斯基
Spencer Zawasky
他人不在波士頓的嵌入式系統公司工作時，就會在羅德島波塔基特的海洋之州Maker磨坊搞3D列印

你應該是喜歡改造各種設備的那種人吧，何不試著改造3D印表機？現在就開始！

入門改造

打造保溫罩

列印大型物件時會有翹曲的問題嗎？拿一些隔熱紙、美工刀和封箱膠帶，組合成一個保暖的外殼，可以像箱子那麼簡單，也可以做得更精美，添加線條、觀測孔，或是避免電子元件過熱的通風口。

升級列印平臺

3D印表機最容易升級的項目之一，就是平臺表面。

- **PEI**：聚醚醯亞胺（PEI）聚合物高溫時會緊抓住列印成品，降至室溫時就會鬆開。 這種材質也很堅固，就算有刮傷都不需更換。
- **BuildTak**：和PEI類似，這種專用塑膠材質針對各種尺寸和形狀（包括圓形）的印表機提供平臺表面，你只要訂購、撕下、貼到平臺上，即可快速升級印表機的效能。

中階改造

加裝新噴頭

全金屬的熱端大行其道，但是冷靜一下，我們也別忘了工具頭的另一端。

- **E3D Titan**：E3D跟大家競相模仿的v6熱端是同一個製造商，現在他們又推出一款噴嘴，標榜不需更換任何零件，就能切換1.75mm和3mm線材。
- **Bondtech QR**：這款噴頭的線材兩側具有加工齒輪，抓力無與倫比，左右配置更提供了雙擠出頭的功能。
- **Diabase Flexion**：熔化的線材四處流竄，但就是不從噴嘴出來嗎？這款Flexion噴頭出自NinjaFlex發明團隊之手，以固定的短路徑來馴服那些狂野的塑料。

進階改造

更換控制板

強大的ARM開發板正藉由Arduino電子元件帶來新功能。

- **Smoothieboard**：ARM Cortex-M3完全支援乙太網路、1/16微步驅動和每個步進馬達2安培的電流。
- **Duet Wifi**：具備ARM Cortex-M4處理器和獨立Wi-Fi晶片的強大功能。這款開發板能夠支援多達7個噴頭、1個觸控螢幕和1/256微步驅動。
- **Pronterface/Printrun**：只要有Printrun軟體和Linux開發板，被線路綁手綁腳的印表機即可搖身一變，成為具網路功能、可遙控的得力助手，隨附Pronsole應用程式，任何裝有SSH用戶端程式的裝置，皆可完全掌控印表機。

瘋狂改造 改成粉末印表機：你想重新打造印表機的工具頭嗎？不妨考慮Aad van der Geest的ColorPod，為消費型3D印表機增添商業級粉末及黏著劑製程，輕輕鬆鬆做出有專業質感的全彩列印成品。

Skill Builder

專家與業餘愛好者都適用的提示與技巧

鋸出完美角度
簡單又便宜的輔鋸箱

文：查爾斯・普拉特　譯：謝明珊

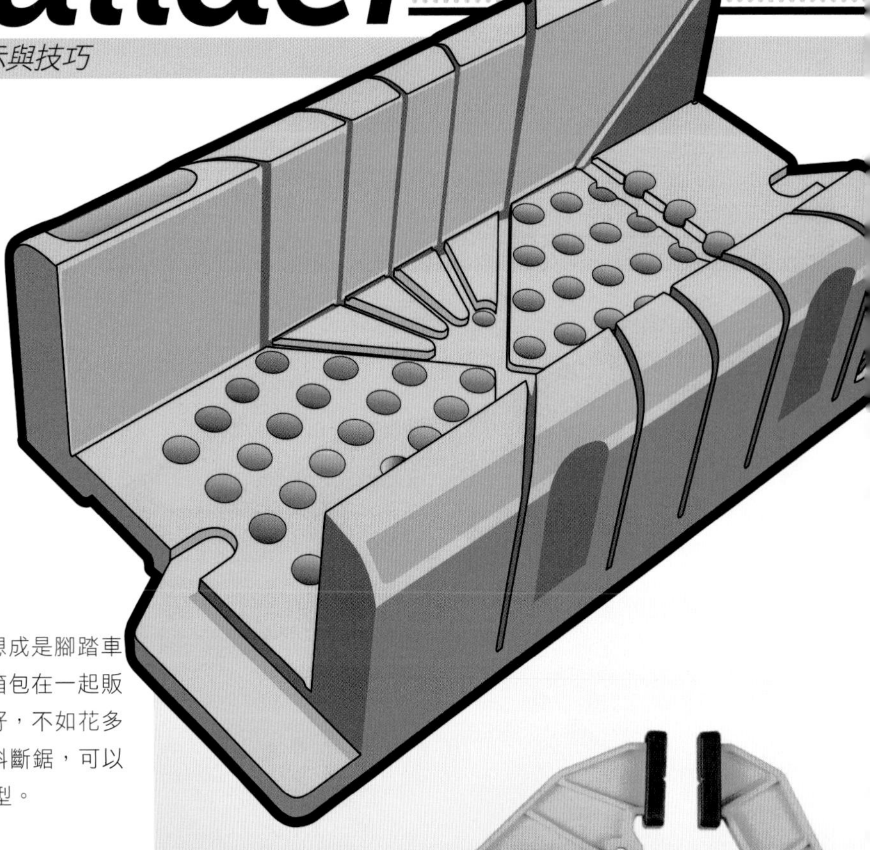

輔鋸箱能幫助你切割出準確的直角，你可以將它想成是腳踏車的輔助輪。你家附近的零售店可能會把榫鋸和輔鋸箱包在一起販售，但就我實際測試的經驗，那種榫鋸的品質並不好，不如花多點錢另外買一把！請找一把硬齒的榫鋸、厚背鋸或斜斷鋸，可以省不少力氣。Stanley FatMax 17-202是我的理想型。

固定你的木材

不少人會建議你在鋸木頭時，將木材放在鋸木架或者用腳夾住，這兩種方法我都試過，但是當你單腳站立、用另一隻腳固定木材時，確實難以執行精細的切割。

我的新書《Make：Tools》中提到的專題，都需要執行完美的切割，因此最好的方式就是將木材穩穩地夾在穩固的桌椅上。

圖 1 的木工夾具最容易使用。小的金屬操作桿是扣扳，可以鬆動夾口，在長桿上面滑動，放開扣扳，大的黑色塑膠操作桿就會卡住夾口。

如果你正在使用輔鋸箱，從圖 2 可以看出木工夾具可以用來固定它，不讓它晃動。若你沒有使用輔鋸箱，也可以直接用夾具夾住你正在處理的木材。

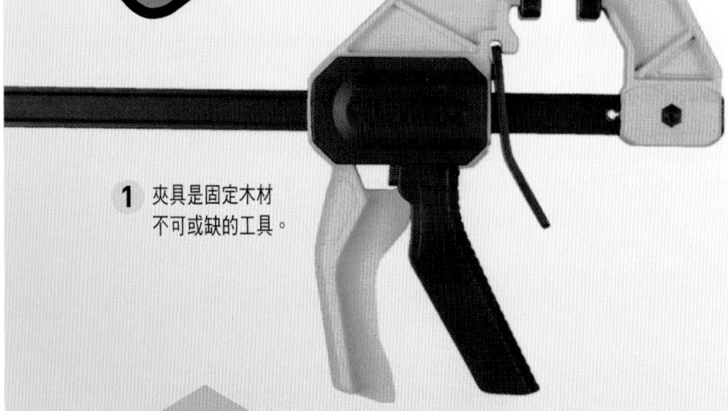

裁出可用的長度

長型的木材難以精確切割。如果木頭長度超過36"，請先裁到36"以下。

將木材放入輔鋸箱。在這裡我要切割圖 3 的方棒。

我的輔鋸箱附有栓銷，稱為「凸輪」（cams）。請將栓銷插入緊貼木頭的洞口再拴緊，如圖 4 。

如果你的輔鋸箱沒有這項功能，請用左手固定木頭，如圖 5 （如果你是左撇子，那就用右手固定木頭），手千萬不要太靠近鋸子，我建議用鋸子的時候要戴工作手套。

剛開始鋸時比較困難，鋸子通常會動彈不得，不妨朝自己將鋸子拉回數次，先在木頭上形成一條淺溝，接下來就會更容易鋸了。如果還是有困難，那就朝著自己拉鋸子更多次，沒拿鋸子的

1 夾具是固定木材不可或缺的工具。

查爾斯・普拉特
Charles Platt
著有適合所有年齡層學習的《Make: Electronics 圖解電子實驗專題製作》及《圖解電子實驗進階篇》（中文版由碁峰文化出版）。最新的著作為《Make:Tools》。可參考makershed.com/platt。

James Burke

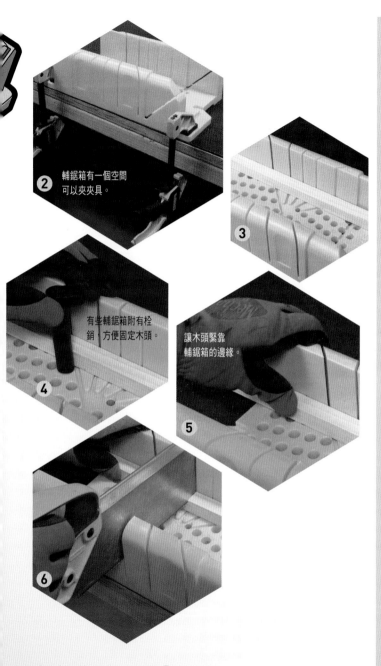

② 輔鋸箱有一個空間可以夾夾具。

③

④ 有些輔鋸箱附有栓銷，方便固定木頭。

⑤ 讓木頭緊靠輔鋸箱的邊緣。

⑥

手至少距離刀片 4"，如圖 ⑥ 所示。

　切割木材時不要壓得太用力，這不是在打仗，你應該讓鋸子完成大部分工作。●

你的
斜角初體驗

最好的學習方法就是多練習，我建議先用方棒來製作一個邊長6"×5"的相框。

　首先，畫出距離為6"的兩條垂直線（圖 **A**）（相框尺寸通常是計算內框，以免相片放不進去，但為了方便起見，這項專題是先計算外框）。

　在圖 **B** 中，方棒放入輔鋸箱，鋸子的角度為45度，可用栓銷固定木頭，但我在此假設你沒有栓銷，畢竟大部分輔鋸

A

箱都沒有附。你可以直接用大拇指固定木頭，而其他手指遠離刀片，小心沿著垂直標線的外圍切割，鋸子可能會把木頭推來推去，請就用大拇指用力按住。

　確認木頭的長度，如圖 **C**，你可能會想用砂紙磨毛邊，但打磨可能有損精確度。好消息來了！切好45度角後，另一端會形成另一個45度角，可做為相框的另一邊，如圖 **D**。這時候再重新測量，切割完成再確認一次，沒問題就繼續切割其他的邊（圖 **E**）。

B

C

請確認每個角彼此契合，並以木工專用膠固定起來，再以

D
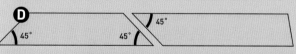
45° 　　45°　　45° 　　45°

扣帶綑綁，接著用尼龍繩打個活結固定。抹掉擠出來的多餘膠水後，靜置乾燥。

E

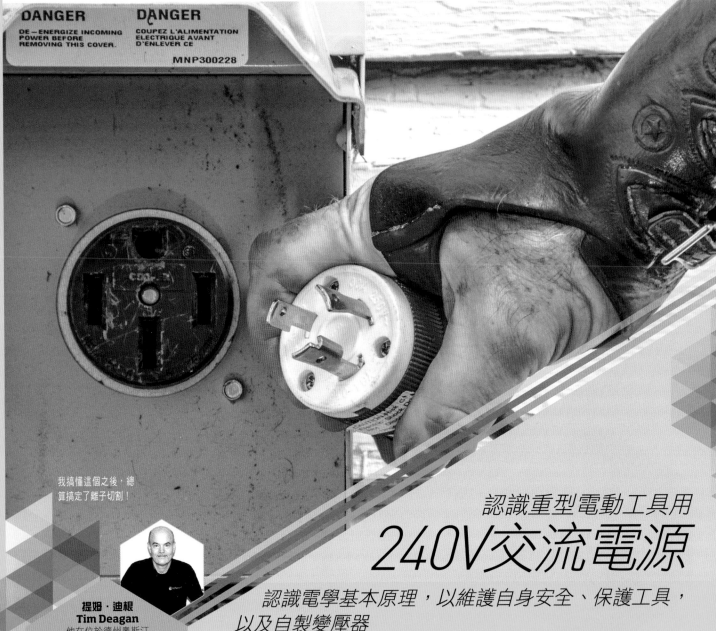

我搞懂這個之後，總算搞定了離子切割！

認識重型電動工具用

240V交流電源

認識電學基本原理，以維護自身安全、保護工具，以及自製變壓器

文：提姆・迪根　譯：謝明珊

提姆・迪根
Tim Deagan

他在位於德州奧斯汀（Austin）的工作間，鑄造、列印、檢測、焊接、硬焊、彎曲、拴螺絲、黏貼、釘東西和做夢。他善於規劃職業生涯，設計、寫作、除錯樣樣來，也為《MAKE》、《Nuts & Volts》、《Lotus Notes》和《Database Advisor》雜誌撰寫文章。

如果你即將購買240V離子切割機、焊接機或氬焊機，可能會遇到一個很常見的問題：插頭跟你的插座不合。這時候就需要簡易的變壓器。為了安全起見，你必須先對於240V電壓有足夠的認識。

尼古拉・特斯拉（Nikola Tesla）利用交流電（AC），來解決長途傳輸電力的問題，交流電在正弦波進行正負極擺盪，有別於直流電（DC）正負極固定，例如美國交流電每秒擺盪60次（60Hz）。電壓是正弦波的振幅，交流電如同直流電，除非有潛在電位差，否則無法運轉。至於雙線120V插頭，電位差來自火線（連接電源）和中線（連接電源和接地）。至於240V電路的潛在電位差，來自兩條相距180度的火線（圖❶）。既然我們只測量兩條線，無論電壓120V或240V，皆屬於單相功率（住宅區很難找到三相交流電）。

中線和地線彼此相關，但是功能不同，中線是

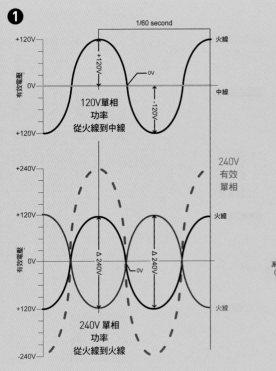

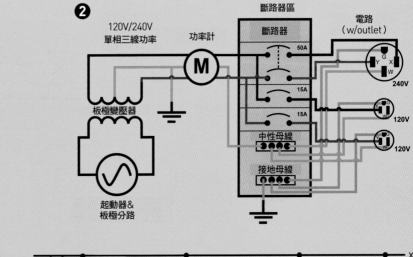

❶ 120V 和 240V 交流電波形

❷ 交流電配電系統

❸ 240V 插座的電線組合

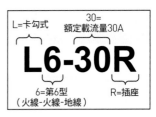

❹ NEMA 連接器命名標準

120V 電路的回流路徑，從起動器到插座沿途各點接地（圖❷）。火線的振盪電流會形成磁場，在中線引發非預期的電流，這時候連接中線和接地，就有穩定訊號的效果。插座大多也是「地插座」，也就是有接地線。正常運轉之下，地線並不會有電流。若火線短路接地，地線路徑的電阻會比較小，以致流經斷路器的電流超出標準，進而鬆動開關，切斷電源。地線「連接」中線，確保接地系統是有效的。

大家對於電壓值充滿疑惑。家電有 220V、230V、240V 幾種標示，甚至還有美國電氣製造商協會（NEMA）列為 250V 的連接器，這些數字令人眼花撩亂，但其實意指相同的東西：美國 240V 標準電壓（事實上，美國有 5 種電壓標準，分別有不同的用途，120V、208V、240V、277V 和 480V，但這裡一律使用 240V）。

住宅用 240V 插座通常有三四個連接器，提供兩條 120V 火線，還有一條地線或中線，或者地線和中線皆有（圖❸，上一頁）。有中線的話，120V 家電例如時鐘和電扇，可以只使用其中一條火線，反正只要插座的電線符合插頭的需要，就可以直接連接變壓器，所以首先要確認插座的類型，釐清插座提供了哪些電線。

NEMA 列為 240V 連接器至少有 20 種，提供三至四條電線，分別標示一組號碼和安培數，卡勾式連接器的第一個號碼是 L，終端接頭的第一個號碼是 P，插座連接器的第一個號碼是 R（圖❹，上一頁）。

最常見的連接器有第 6 型（屬於兩極三線的接地連接器，提供 2 條火線和 1 條地線）和第 14 型（屬於三極四線連接器，提供 2 條火線、1 條中線和 1 條地線）。大多數組合皆有直刃式和卡勾式

Tim Deagan

第6型	雙極三線，地線 （火線/火線/地線）		第14型	三極四線，地線 （火線/火線/中線/地線）	
	直刃式	卡勾式		直刃式	卡勾式
15 AMP	6-15R	L6-15R		14-15R	
20 AMP	6-20R	L6-20R		14-20R	L14-20R
30 AMP	6-30R	L6-30R		14-30R	L14-30R
50 AMP	6-50R			14-50R	

❺
常見的 NEMA
240V 插座

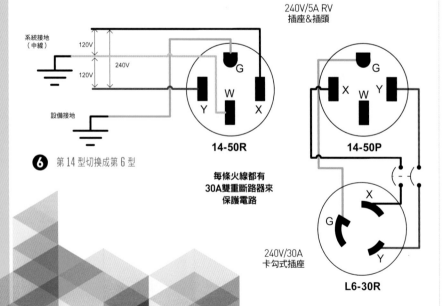

❻ 第14型切換成第6型

240V/5A RV
插座&插頭

14-50R

14-50P

每條火線都有
30A雙重斷路器來
保護電路

240V/30A
卡勾式插座

L6-30R

（圖❺）。

切換連接器類型之前，你必須先釐清兩個問題：
「安培數多少」、「需不需要中線」，我們先從安培數說起。

你的設備不可以連接低於額定安培數的電路，這個令人愉悅的字是載流量，正是電線和切斷器的安培數，若試圖從30A電路獲得45A載流量，電線會持續加溫，因此電線的安培數絕對要超過斷路器，否則斷路器會鬆動開關，直接關閉電源，你絕對不希望傳動裝置發生這種事（我也不想依賴斷路器來防火）。

你的裝置所連接的電路，最好不要吸收超過額定載流量的電流，怕就怕吸收太多電流，切斷器來不及鬆動開關。若你製作變壓器，把50A插座切換成 30A，就必須放一個30A斷路器來保護裝置。

第二個問題牽涉到中線，既然第14型連接器有4條線，就可以切換成載流量更低的第6型（圖

Tim Deagan

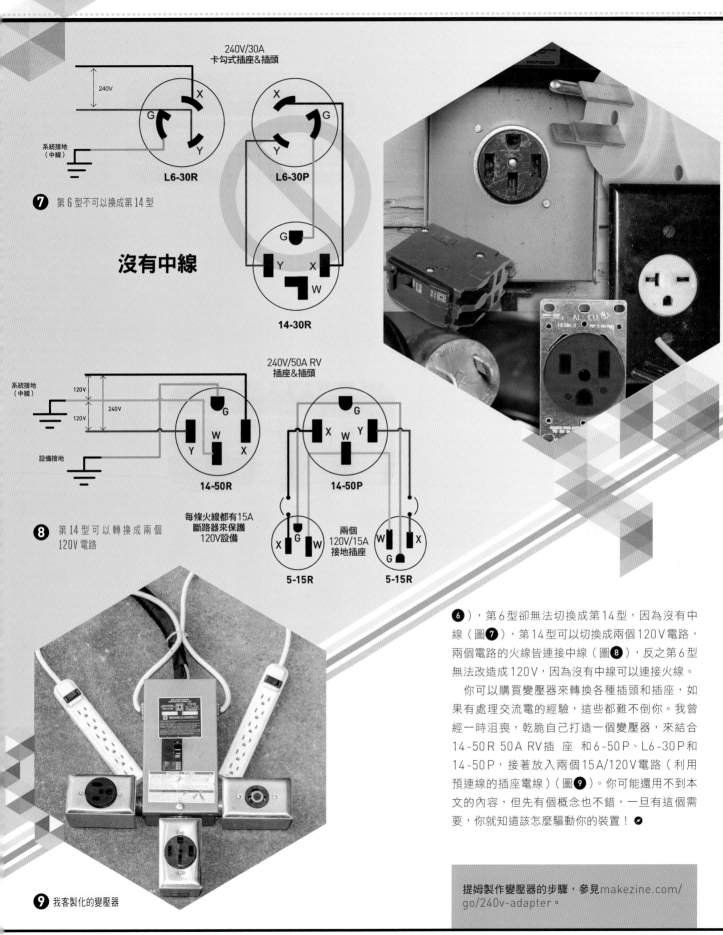

240V/30A
卡勾式插座&插頭

240V

系統接地
（中線）

G · X · Y
L6-30R

X · G · Y
L6-30P

G · Y · X · W
14-30R

7 第6型不可以換成第14型

沒有中線

系統接地
（中線）

120V

120V　240V

設備接地

G · Y · W · X
14-50R

240V/50A RV
插座&插頭

G · X · W · Y
14-50P

X · G · W
5-15R

W · X · G
5-15R

每條火線都有15A
斷路器來保護
120V設備

兩個
120V/15A
接地插座

8 第14型可以轉換成兩個
120V電路

9 我客製化的變壓器

6），第6型卻無法切換成第14型，因為沒有中線（圖**7**），第14型可以切換成兩個120V電路，兩個電路的火線皆連接中線（圖**8**），反之第6型無法改造成120V，因為沒有中線可以連接火線。

你可以購買變壓器來轉換各種插頭和插座，如果有處理交流電的經驗，這些都難不倒你。我曾經一時沮喪，乾脆自己打造一個變壓器，來結合14-50R 50A RV插座和6-50P、L6-30P和14-50P，接著放入兩個15A/120V電路（利用預連線的插座電線）（圖**9**）。你可能還用不到本文的內容，但先有個概念也不錯，一旦有這個需要，你就知道該怎麼驅動你的裝置！

提姆製作變壓器的步驟，參見makezine.com/go/240v-adapter。

3D 列印高功率電動單輪車
3D Print a High-Power
文：馬提亞斯・厄托拉　譯：孟令函
Electric
Unicycle

親手打造電動單輪車，
以20mph的速度暢遊25英里！

時間：
3D列印：1週
組裝：3～4小時
成本：
400～800美元

馬提亞斯・厄托拉
Matias Eertola
住在芬蘭赫爾辛基附近。主要
的工作是行銷、業務，從小就
玩遙控飛機，因此發展出了對
科技、DIY的興趣，2013年開
始研究3D列印，至今已經騎
電動單輪車一年左右了。

去年我買了一臺公制350瓦特的單輪車，我很喜歡。不過沒多久我就發現它的性能有所限制，最高速大約只有9mph（15km/h），騎乘距離最遠大約5～6英里（8～10km），而且爬坡的能力很差。所以我開始想利用更強力的馬達升級它的功能，讓單輪車變成一種真正的交通方式，有足夠的速度、可以到達夠遠的地方，也不用擔心隨時可能沒電的問題。

我在深圳微工電子機械有限公司（Shenzhen MicroWorks）的網站上買了500瓦特的馬達以及控制器，功能與價格都非常不錯。但我後來發現我的單輪車需要一整個新的外殼，才有足夠的空間放更多電池。在百般尋找都找不到適合的產品之下，我決定自行設計並以3D列印製作成品。最後成果很棒！以下的製作過程記錄的是我再次升級後的版本：E14S電子單輪車。成品更小，也更符合人體工學，而且可騎乘距離一樣遠，整個功能表現也跟前作一樣棒。我製作的單輪車上一代版本使用了4個16cell電池組（16S1P），以並聯方式連接。這個新的版本則是用了2組32cell（16S2P）的電池，空間使用上更加簡潔。此外，這個新版本的單輪車使用了橫向配置的速度控制板，因此兩側就有足夠的空間可以放電池，這樣整個單輪車的重量配置也更平均了。

整個單輪車的主要結構是一樣的：外殼分不同部位3D列印出來，然後依部位排列，再用M8螺紋桿固定在一起，M8螺紋桿在整個單輪車的結構裡從上到下都扮演了固定、鎖緊的角色。外殼的各部件從頂部把手部分的兩側排列而下，也以M8螺紋桿固定。新的橫向主機板就正好躺在頂部把手下方的空間裡。

我儘量將整個單輪車的設計維持簡單、緊密、外型線條滑順。我推薦大家使用PLA線材，可以避免彎曲的現象。另外要注意的是：這些需要3D列印的部件都蠻大的，所以可能需要花不少時間列印。因為我所使用的馬達，讓我的單輪車最高速可達到20mph（30km/h），充飽電後在一般路況下大約可以跑25英里（40km）。另外告訴大家，如果直接購買有相同性能的頂級單輪車大約需要1,100美元以上。希望大家都可以享受騎單輪車的樂趣。

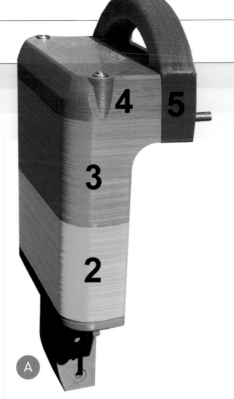

A

B

1.列印各部件

利用PLA線材印出1個頂部把手（part 5）、頂蓋左右各1（parts 4a、4b）、其他部件各2個。踏板托座（part 1）將會承受最大的機械應力，所以要確保印製時使用45%以上的填充率，其餘部件則使用25%或以上的填充率即可（圖 A）。

注意： 32cell電池放進外殼的空間非常「剛好」（parts 2、3），最大寬度為43.5mm，記得先檢查你的電池大小是否吻合，或是直接調整你的3D列印檔案。你也可以選擇使用16cell電池，體積較小，可以多留一些空間，不過單次充電的可騎乘距離就會變少。

列印出的部件要用M8螺紋桿試鎖，頂蓋上的8mm螺栓孔不會整個穿過螺帽，其間有約0.5mm的殘料，之後把它鑽過即可（圖 B），如此的設計單純只是為了較方便列印。

2.將踏板組裝至馬達上

下一步，把踏板組裝到馬達上（怎麼組裝應該很明顯了）。確保輪胎的螺帽有拴緊，並使用螺紋密封劑來確保它不會鬆脫。火星塞扳手在這裡也很好用，你可以在把螺帽拴

Emilia Penttilä

Matias Eertola

材料
» 3D列印外殼與部件 請上 github.com/EGG-electric-unicycle/shell_MattJ/releases/tag/E15S-v1.21 下載 3D 檔案。

購自深圳微工電子機械有限公司：
» 高速無刷馬達（500W、14"輪子），它有48圈線圈、44個磁石、3個霍爾感測器。可於microworks.en.alibaba.com上購得，也可直接聯絡李先生（Mr. Charles Lee）：lee@microworks.cn。
» 輪胎和內胎：14"×2.5"（或是在附近店家購買）
» 30B4 高速控制器搭配藍牙模組（橫向），記得購買橫向配置的版本。
» 踏板與其部件
» 電子配件：開關、充電器、LED指示燈、LED PCB、線材
» 通用型電池充電器（67V）。如果你在美國，就買115V的。許多其他零售商也有販賣此產品。

購自硬體零售商：
» 螺紋桿，M8 × 1.25mm 導程，長225mm（4）、長60mm（2），McMaster-Carr #99067A115，mcmaster.com
» 防鬆螺帽，M8，附尼龍圈（8）McMaster #94645A210
» 圓蓋螺帽，M8（4）又稱為有蓋螺帽，McMaster #99164A102、94000A039
» 墊圈，M8（8），McMaster #91166A270
» 機械螺絲，M5× 長 12mm（12），平頭或扁頭，McMaster #92005A322 或 91420A322
» 墊圈，M5（12），McMaster #91166A240
» 螺紋密封劑 Loctite 或其他品牌亦可

購自一般零售商店：
» 鋰離子電池，60V，32cell，16S2P 型（2）最大寬度43.5mm，搭配 XT60 電源連接器及 Deans 充電座，如 Shenzhen MicroWorks #ARS16S2P（alibaba.com）、Shenzhen Anysun #60V4.4AH 或 Shenzhen Foxell #60V5.2AH（allexpress.com）。你也可以使用16cell（16S1P）電池，比較便宜也比較容易買到，雖然它的電容量只有 32cell 的一半，但也不錯了。
» XT60 並聯線，如 AliExpress #506505
» Deans 並聯線，1 母頭對 2 公頭，可連接兩個充電頭
» 壓電式蜂鳴器，5V（1～2個），Adafruit #160
» JST-XH 連接器（蜂鳴器的配件），如 UPC #7113311626180
» 熱縮套管、束帶
» 防滑定位膠帶（非必要）用於踏板上

工具
» 3D印表機（非必要），你會用掉大約 2 捲（2kg）列印線材，你也可以選擇直接找有 3D 列印的商家服務。請參考：makezine.com/where-toget-digital-fabrication-tool-access
» 弓鋸
» 電鑽和 8mm 鑽頭
» 套筒組，公制
» 可調式扳手
» 烙鐵
» 熱熔槍
» 電壓計
» 火星塞扳手（非必要）
» Android 裝置 校準測試用
» 皮帶 練習騎乘用

C

D

E

F

緊的同時把馬達的線拉出來。

訣竅： 這款單輪車雖然是專為深圳微工電子機械有限公司的 14" 500W 馬達所設計，不過也可以使用其他款的馬達。

3.組裝踏板托座

使用 M5 螺栓與墊圈，搭配螺紋密封劑，將踏板托座與踏板各自組裝起來（圖 C ）。將比較長的 M8 螺栓插入踏板托座。

4.拴緊上半部外殼

將兩側的電池外殼（ part 3 ）之間放入頂部把手（ part 5 ），這樣成一組，然後使用 M8 × 60 mm 的螺栓、墊圈以及保險螺帽將其拴緊（圖 D 、 E 、 F ）。

5.組裝下半部外殼

將下半部的電池外殼放到正確位置上，然後將 M8 × 225 mm 的螺栓穿過螺栓孔。

6.裝上電池

將電池裝進它們的外殼裡（圖 G ），記得確保馬達連接線有拉出來。

7.與上部外殼結合

把馬達連接線拉到頂部把手的位置，控制板將會安放在此處。

8.安裝控制板

安裝控制板時，將有電容的那邊朝向右邊，有馬達跟連接線的這一側則朝向自己（圖 H ）。這邊安裝的方向很重要，如果裝反了，控制器的運作會跟原本的應運行方式完全相反。將控制板的鋁製背板靠向頂部把手的底部，並使用熱熔膠固定。觀察一下確定藍牙模組沒有彎曲，然後也要確保你有在其中一側留下足夠的空間放置開關、充電組以及 LED 電源指示燈。

9.安裝電子配件

拿起有穿孔的頂蓋（ part 4b ），將電源開關、LED 電池指示燈、充電座和蜂鳴器放上去，將 LED PCB 和蜂鳴器以熱熔膠固定（圖 I ）。如果你用了兩個蜂鳴器，將它們以並聯方式連接到同一個 JST 連接器上。

注意： 蜂鳴器是確保安全的重要零件，它會在你接近最高速時響起，如果沒有這層保護措施，你可能會不小心衝得太快，超過單輪車本身可承受的速度範圍，這樣可能會造成車體在最高速時損毀，導致危險。

10.連接所有部件

根據製造商所附的說明書連接所有電池與電子元件（圖 J ）。

如果你想要更深入了解 MicroWorks 30 B4 單輪車馬達和控制器，請上 github.com/EGG-electric-unicycle/documentation/wiki/Motor-MicroWorks-500W-30km-h。

警告： 在將電池並聯以前，請記得一定要確認它們充電到相同的電壓。千萬記得在連接之前以電壓計測量電壓，不然會有過熱甚至起火的危險性。

11.準備封起外殼

將圓蓋螺帽旋上兩邊的頂蓋，並鎖緊 M8 螺紋桿以及底部的螺帽。這樣你的電動單輪車就完成了（圖 K ）。

自己印，自己騎！

在正式上路之前，你得先根據主機板製造商的說明書校正單輪車的位置。MicroWorks 的主機板有提供一個以藍牙連接的 App 可以使用，不過它的使用介面是中文的，不太好用（中文編輯部註：太好了）。幸好舊版的 GotWay

Matias Eertola

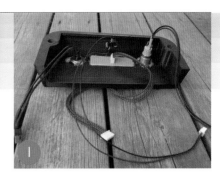

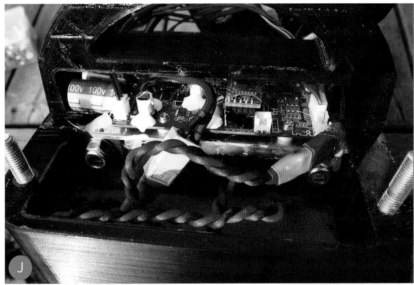

App（github.com/EGG-electric-unicycle/documentation/tree/master/Apps）跟MicroWorks的馬達剛好可以連接。此外，還有一個新的開放原始碼的App可以使用，叫做EGG Electric Unicycle（github.com/EGG-electricunicycle/egg_App），這款App很好用。以上兩種App都是英文介面，相對來說也比較好設定、使用。首先，你要先將你的電動單輪車控制板（EUC）跟一臺Android系統的手機或平板電腦用藍牙配對，接著只要校正好你的EUC的垂直位置，就可以上路了。這個步驟只需要多花幾分鐘而已（圖L）。

製作完成的單輪車有三種騎乘模式可以選擇：「輕柔」（Soft）模式顧名思義就是三種模式裡騎起來最輕柔的，而「精實」（Madden）模式則是其中最穩固的模式。我推薦大家先從「精實」模式開始騎，或是中間等級的「舒適」（Comfort）模式，因為「輕柔」模式實在太輕柔了，試騎時我用這個模式就不太能好好控制平衡。App裡還有許多其他實用的顯示資訊，例如目前的速度、電池電壓、電池容量、主機板溫度、電流量（圖M）。

上路前記得將你的電池充飽電（如果你還沒充的話）。如果你是騎乘單輪車的新手，可以綁條長的皮帶在頂端的把手上騎乘，這樣在還沒學會怎麼優雅的下單輪車之前，至少可以抓住你的單輪車不讓它跑走。

現在就踏上你的單輪車，安全騎乘、小心上路，它可是能跑得很快的！

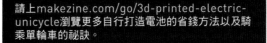

請上makezine.com/go/3d-printed-electric-unicycle瀏覽更多自行打造電池的省錢方法以及騎乘單輪車的祕訣。

Make Your Own
Mead

文：詹姆斯・奧斯丁　譯：張婉秦

自釀蜂蜜酒
用蜂蜜跟酵母就可以輕易地釀造出這古老的佳釀

詹姆斯・奧斯丁
James Austin

鎔鑄客製化的金工作品，同時在加州奧克蘭教鍛造歷史。他具有化學背景，並對發酵與製作食品有著廣泛的喜愛。

Hep Svadja

時間：
準備：**3小時**
發酵：**14週**
成本：
原料：**50～60美元**
釀造設備：**150～175美元**

材料

» 口味清爽的蜂蜜，**7磅** 像是丁香或橙花蜂蜜
» 酵母，Lalvin D47，**2包** 未使用前放在冰箱中
» 泉水，**2加侖** 或是蒸餾水、過濾水
» 酵母營養素，**1盎司** 在釀酒用品店購買
» DAP（磷酸二銨），**1盎司** 另一種酵母營養素
» 混合酸，**1盎司** 釀酒商所使用，能避免酵母腐敗
» 卡姆登錠（Campden tablets，偏亞硫酸鉀）用來消毒蜂蜜酒

工具

購自釀酒用品店：
» 釀酒玻璃瓶，**3加侖（2）**
» 釀酒瓶的蓋子（**2**）
» 釀酒瓶的氣塞
» 刻度計，**¹⁄₁₀g**
» 釀酒玻璃瓶刷
» Starsan 消毒劑，**4盎司**
» 過碳酸鈉，**8盎司** 或是用沒有香味的洗碗劑
» 噴霧瓶，**16盎司**
» 虹吸管，自動啟動
» 虹吸管用夾
» 乙烯基軟管，**³⁄₈"，6' 長**
» 瓶蓋機
» 瓶蓋
» 濕度計（非必要）

自家用品：
» 湯鍋，**4～5加侖**
» 攪拌缽，**4～6夸脫**
» 餐盒，**2加侖** 要新而且乾淨的
» 漏斗，大型 要新而且乾淨的
» 攪拌勺，長柄
» 勺子，**16～32盎司**
» 刻度計，範圍是 **10～25磅**
» 小塑膠杯，用來秤原料的重量
» 廚房用溫度計
» 量匙
» 廚房用紙巾
» 鋁箔
» 碗，**2～3夸脫**
» 啤酒或香檳瓶 保存好並洗乾淨
» 文件板夾（非必要）

* 中文部註：1 夸脫 =¼ 加侖，英制為 1.1365 公升，美制為 1.012 公升。

蜂蜜酒是將蜂蜜發酵的一種古老飲品，斯堪地那維亞上層階級將它視為高貴的獎賞，但其實在歐洲、非洲和亞洲很普遍。現在，它又回歸到調酒界。這邊介紹一個簡單的方式來製作美味、半甜的蜂蜜酒，你可以在自家廚房進行。

1. 預熱蜂蜜

將裝有蜂蜜的容器放在溫暖的環境中，像是靠近熱水器，或是放在水槽中，讓蜂蜜的溫度達到約100°F（38°C），就可以易於倒出來。注意不要過度加熱。

2. 清洗容器

將設備清潔到一塵不染是非常重要的，能降低腐敗的風險。先從45加侖的湯鍋開始，用熱水跟沒有味道的洗碗劑，或是過碳酸鈉，將所有會接觸到蜂蜜酒的管子跟設備從頭到尾刷乾淨（圖 **A**），然後沖洗、晾乾（圖 **B**）。用長的玻璃瓶刷洗刷釀酒玻璃瓶（你的發酵槽），並浸泡在熱的消毒水中，消滅前一次發酵殘留下來的乾燥酵母。仔細檢查所有設備的清潔程度，並放置在乾淨的表面上。

3. 消毒發酵槽

釀酒用的玻璃瓶跟任何用來填滿、密封的器材也一定要消毒，消滅主要的細菌以及野生酵母，避免它們中途破壞發酵。

要做到這點，請先在乾淨的2加侖塑膠水桶中倒入1.5加侖的溫水，接著加入2茶匙的Starsan消毒劑攪拌——這是一種混合食品級磷酸的酸性表面活性劑。這能讓你獲得稀釋過、像肥皂般的清洗溶劑，一接觸就能快速消除繁雜的細菌跟酵母。將16盎司的溶劑倒入噴霧瓶（對消除斑點非常有用！），然後把剩的一半用漏斗倒入玻璃罐中。

輕輕地搖晃發酵槽，讓Starsan溶劑能將內側表面全部沾濕，然後將溶劑倒到水桶中，之後可以再次使用。用Starsan溶劑沖洗錫箔紙，然後在你釀酒前先用它封住玻璃瓶的瓶口避免汙染。每隔10分鐘一次、兩次……甚至更多次，將Starsan溶劑儘可能的排出。上面如果殘留乾掉的泡沫，並不會對蜂蜜酒有明顯的影響，完全無害。這就是Starsan溶劑好用的地方！

4. 混合蜂蜜、水跟營養素

將15.75磅的泉水倒入湯鍋中（或量測1加侖+7份），然後用爐子加熱到120°F（49°C）（圖 **C**）。同時將7lbs預熱過蜂蜜倒入4夸脫的攪拌缽中（圖 **D**）。

關掉爐子，將蜂蜜倒入湯鍋（圖 **E**），然後把攪拌缽整個浸入湯鍋中，溶解所有殘留的蜂蜜（圖 **F**）。持續攪拌直到蜂蜜完全溶解，有需要

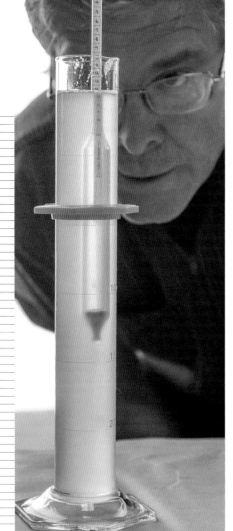

警告： 裝滿的玻璃罐很重，任何濕氣或是 STARSAN 消毒液都會讓它變得很滑！在移動之前，要擦乾玻璃罐跟你的雙手。而且千萬不要把玻璃罐放在沒有地板或硬紙板緩衝的水泥地上。

的話可以稍稍加熱。

現在，加入 8g 的混合酸，7g 的酵母營養素，以及 5g 的 DAP（圖 **G**）。攪拌直到全部溶解（圖 **H**）。

這個液體的比重應該是 1.100 到 1.105，如果想要的話，可以用濕度計確認（圖 **I**）。記錄這個數值、所有原料的分量，以及當時的溫度，這會幫助你逐步成為一個蜂蜜酒釀造家。

5. 裝滿釀酒玻璃罐

將密封的玻璃罐放在地上。用 Starsan 溶劑為漏斗跟瓶蓋消毒。把漏斗甩乾，和消毒過的勺子一起用來將混合好的蜂蜜水倒入玻璃罐中（圖 **J**）。現在加入 2½ 片卡姆登錠來消毒混合液（圖 **K**）。

將瓶蓋甩乾，裝到玻璃罐上（圖 **L**）。用廚房紙巾將玻璃罐擦乾，並小心放置在陰涼處，保持平均溫度在 60 ～ 65°F（15 ～ 18°C）。必須靜置 24 小時冷卻，讓卡姆登錠的亞硫酸消散（太快處理的話，亞硫酸可能會殺死你的釀酒酵母）。

6. 開始發酵

從冰箱拿出 2 包 Lalvin D47 酵母靜置，直到它們的溫度等同室溫（圖 **M**）。拿下玻璃瓶蓋並放到 Starsan 溶劑中。打開酵母包，緩緩將酵母倒入玻璃罐中，接下來的幾個小時會持續溶解（圖 **N**）。

將玻璃瓶蓋換成消毒過後的氣塞，這時瓶中已經一半是 Starsan 溶劑（圖 **O**）。24 ～ 48 小時過後，這個液體應該要開始起泡，表示已經開始發酵（圖 **P**）。初次發酵會持續約 1 個月，直到酵母作用明顯變慢。

7. 攪拌酵母

蜂蜜酒的發酵可能非常緩慢，大部分的酵母會沉澱在底部。酵母這樣堆積，對糖跟營養素來說並沒有提供良好的接觸，所以最好每天或每兩天搖晃一下。用雙手抓穩乾燥玻璃罐的底部，緩慢旋轉玻璃瓶約 20 秒鐘來攪動這些酵母。

這時會因二氧化碳產生泡泡，並從氣塞的地方跑出來——可能會帶出一些 Starsan 消毒液。將玻璃瓶弄乾，重新填滿氣塞到一半，將它放回陰涼處。這樣可以讓發酵作用再次活躍起來。

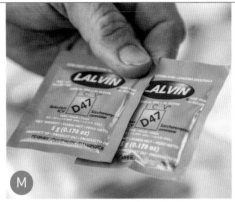

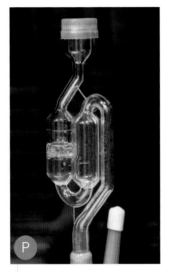

注意： 三不五時氣塞會乾涸，只要再加注新的 STARSAN 消毒液即可。

8. 為第二次發酵換瓶

四個禮拜過後，這是個好機會來將蜂蜜酒轉移到另一個消毒過的玻璃罐，將其與沉澱的酵母分離。因為長遠來看，這些沉澱的酵母可能會影響並傷害蜂蜜酒的味道。那些懸浮的酵母在接下來兩個月或更久的時間，可以持續改善蜂蜜酒的品質與風味。

使用消毒過的自動虹吸管，以及約 6' 的 3/8" 透明乙烯管，要避免任何口腔細菌接觸到蜂蜜酒。將玻璃罐放在堅固的桌子或工作檯上，利用虹吸管將液體吸入地上的玻璃罐。跟之前一樣，用消毒過的瓶蓋跟氣塞封閉新的玻璃罐，放回陰涼的地方進行二次發酵。

9. 裝瓶

當蜂蜜酒結束二次發酵，並開始穩定，大約是第 14 週的時候，酵母會完全沉澱，液體顯得清澈（依照我的經驗）。你也許需要加入澄清劑來協助淨化（諮詢認識的私釀酒店，或是參考肯·施拉姆（Ken Schramm）的書《熟練的蜂蜜酒製造家》（暫譯）（The Compleat Meadmaker），並等個幾天。清澈度對輕蜂蜜酒的細緻風味很重要。

使用消毒設備與容器，將蜂蜜酒再次轉移回到第一個玻璃罐（刷洗並消毒）。加入 2½ 卡姆登錠為這批蜂蜜酒做最後一次消毒，等它們溶解之後，攪拌讓其與蜂蜜酒完全融合。接著馬上用虹吸管將 2.4 侖蜂蜜酒吸到消毒過的啤酒瓶，或是美式（可以的話）香檳瓶，並用消毒過的瓶蓋封好（圖 **Q**）。

特別感謝： 加州柏克萊橡木桶製酒工藝店的朋友，教我蜂蜜酒的製作過程，以及崔娜·洛佩茲（TRINA LOPEZ）提供她在舊金山城市蜂箱所產的蜂蜜。

現在，就用這個獨特、美味又有歷史故事的飲品讓你的朋友跟家人驚艷！

更進一步

記下所有東西。 藉由仔細記錄製作步驟（原料、數量、溫度、發酵前後特別的比重、氣塞活動、PH值，最終成品蜂蜜酒的品質……等），你可以發展出自己的技術，來製作更好、更多樣的蜂蜜酒。這絕對值得從第一批開始做！

混合調配。 蜂蜜酒因蜂蜜混合果汁、鮮榨葡萄汁跟麥芽而有所變化——每個風味都有屬於自己的名字——不但歷史悠久，也提供諸多實驗可能性。清澈涼爽的蜂蜜酒加上一些薄荷葉跟碳酸，嚐起來特別突出。薑汁口味也不錯。這是我的小祕密。 ✪

在 makezine.com/go/brew-your-own-mead 可看到更多照片，並交換蜂蜜酒製造密技與品嚐筆記。

樹莓派氣象站
Raspberry Pi
Weather Station

將更多感測器板接上Rasberry Pi，加入地下氣象站網路

文：約翰・M・瓦戈　譯：潘榮美

約翰・M・瓦戈
John M. Wargo

一位專業的軟體開發工程師及作家。比起硬體更偏愛軟體，不過也可以左擁右抱。第一本關於黑莓機軟體開發的書就是他撰寫的，他的四本著作已在 Apache Cordova（Adobe PhoneGap）出版。你可以上johnwargo.com網站，或用推特@johnwargo 聯繫他。

Hep Svadja and istockephoto.com

多年以來，我一直想在家後院建一個氣象站，但是昂貴的套件總是讓我卻步。後來Astro Pi（astro-pi.org）的傢伙們釋出了Raspberry Pi電腦專用的Sense HAT感測器板，我想我就可以撿現成的，輕鬆打造自己的氣象站了。Sense HAT原本是設計用來送入太空中，這時身在英國的小學生們會參與製作（就是寫程式）相關實驗，讓國際太空站上的太空人來操作。HAT會直接連接在Raspberry Pi電腦上，建有以下硬體配備：

» 溫度、濕度、氣壓計
» 加速器、陀螺儀、磁力計
» 8×8全彩RGB LED顯示器
» 5按鈕遙控器

在本專題中，我使用Sense HAT來測量溫度、濕度及氣壓。當我開始蒐集數據後，總要做點什麼事，因此我修改了程式碼，把數據上傳到地下氣象站（Weather Underground, WU），製作我自己的線上氣象站。地下氣象站網路可供你建立自己的氣象站，並上傳蒐集到的資料，供他人使用；你的資料會成為總體氣象資料的一部分，而你（或是你的鄰居）仍可以個別瀏覽你的氣象站的資料。

因為HAT備有LED顯示器，我決定用它來顯示天氣數據資料。它可以用來顯示數字（一次只能顯示一或兩位數），不過我決定要用箭頭符號，紅色箭頭往上，代表上次得到數據時溫度升高；藍色箭頭往下，代表溫度下降；紅色加藍色的橫槓（像一對奇怪的等於符號）代表前兩次蒐集到的數據相等。這個專題非常簡單，只要組裝硬體（大概只要5分鐘），安裝一些Python函式庫，下載並組態專題程式碼，就大功告成了。大體來說，整個過程應該不會超過一小時。完整的程式碼可以在github.com/johnwargo/pi_weather_station找到。我建議架設氣象站的地點要選在可以保護硬體，又不會影響HAT感測器準確度的地方。我將它裝在有天花板的後院走廊，不過也順便做了一個遮雨蓋，以便在其他無遮蓋的地點使用。

設置地下氣象站

地下氣象站是一個公眾的天氣服務，隸屬於天氣頻道（Weather Channel）旗下，每個人都可以將所在地的天氣數據上傳到WU資料庫，供大眾使用。製作WU氣象站非常容易，並且完全免費。開啟你慣用的瀏覽器，進入 wunderground.com/weatherstation/ overview.asp 地下氣象站的個人氣象站網絡（PWSN）主頁，然後點選右上角的 Join（加入）按鈕（圖A）。在顯示的頁面中，系統會提示你輸入電子郵件地址、帳戶名稱和密碼，以建立新帳戶。然後返回PWSN主頁，點右上角My PWS（我的PWS）按鈕。在出現的頁面上填寫表單，來創建新的個人氣象站（圖B）。完成設定過程後，WU會提供你網站帳號和密碼，未來造訪網站時，必須輸入此帳號密碼。務必要記下這些數值，待會還需要它們來設定應用程式組態。

組裝硬體

組裝步驟超簡單。只要在Raspberry Pi上頭裝上Sense HAT，把它們一起放在盒子裡，然後打開電源就好。C4 Labs Zebra Case配有2個散熱片，一個用於Pi的頂部（如圖C所示），一個用於底部。在組裝盒子之前，先安裝這些散熱片，幫助消散處理器的熱量，並有助於減少Pi處理器對讀數的影響（參考P.69的「計算環境溫度」）。這個Zebra Case並非一體成型，需要將元件疊起來，圍繞Pi的本體組裝。按照產品的說明進行組裝，但先將最後一片元件留下，如圖C所示。Sense HAT升級版將盒子的頂層替換為幾部分，包括一組較長的螺絲。在圖C中，原本的盒子頂部位於Pi的左側，額外的升級版零件則安裝於裝置後方。在Raspberry Pi上安裝Sense HAT。Sense HAT會緊挨著盒子著色部分的頂部，如圖D所示。

注意： 雖然樹莓派基金會官方建議在Pi和HAT之間安裝支架以確保穩定性，但是C4LABS ZEBRA並不適用於這些支架，因為HAT無法正確安裝。

接下來會看到一個淺顯易懂的元件，它會剛好卡進Sense HAT的周圍輪廓，如圖E所示。最後，添加剩餘的兩個元件：一個覆蓋Sense HAT的遙控桿區域，頂板

時間：
1小時
成本：
100~110美元

材料

» **Raspberry Pi 單晶片電腦，2以上版本** 我使用的是有內建 Wi-Fi 的 Pi 3
» **MicroSD 記憶卡，容量 4GB 以上**用於安裝 Raspberry Pi 的作業系統 Raspbian（可從 raspberrypi.org/downloads/raspbian 免費下載）。
» **Raspberry Pi 電源供應器** 如 CanaKit #DCAR-RSP-2A5，Amazon #B00MARDJZ4。亦可直接從 makershed.com/collections/raspberry-pi 購賣 Raspberry Pi 入門套件（Getting Started with Raspberry Pi kit），內含 Pi、SD 卡、電源供應器及周邊配件。
» **Astro Pi Sense HAT 外接板** Raspberry Pi 專用，Adafruit #2738，adafruit.com
» **外殼** 選你喜歡的。我在市面上找到唯一符合 Sense HAT 大小的，是搭配 Sense HAT 升級的 C4 Labs Zebra Case（它有適用於 Pi 3 的散熱片），c4labs.net/ collections/raspberry-pi/sense。你也可以上網搜尋 3D 列印用的設計檔圖，或是設計自己的戶外用保護殼。
» **溫度／濕度感測器（非必要）** DHT22 型，Adafruit #385

D

E

F

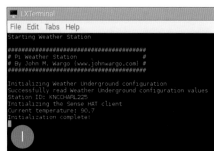

G

H

I

則覆蓋其餘的部分，剩下Sense HAT的感測器露在外面。在圖 F 中可以看到組裝完成的樣子。最後使用Sense HAT升級包中提供的長螺絲將外殼拴緊。然而拴緊之前，請務必檢查盒子四周，確認一切都緊密貼合。如果你看到任何大的間隙或彎曲的部分，那麼可能有些地方並未正確組裝。

設定 RASPBERRY PI

Raspberry Pi需要一個操作系統來驅動，因此請拿起你的microSD卡，然後按照raspberrypi.org/documentation/installation/installingimages/README.md中的說明，將操作系統下載並安裝至SD卡。完成後，將SD卡插入Pi。打開螢幕，然後將Pi的電源插上插座，Micro-USB端則插入Pi。現在我們要在Raspberry Pi上進行一些系統範圍的設定。打開Pi屏幕左上角的Raspberry選單，然後選擇Preferences（系統偏好設定）→Raspberry Pi Configuration（組態設定）（圖 G）。預設情況下，Raspbian映像檔只會用到SD卡的一部分容量（3GB）；如果你用於安裝Raspbian的SD卡容量大於3GB，則需要擴充檔案系統，才能使用整個磁碟，確保還有空間下載專題中的其他軟體。

在圖 H 中所示的Raspberry Pi組態設定功能中，點選Expand File system（擴充檔案系統）按鈕，讓Pi能使用SD卡的全部容量。進行此更改需要重新啟動Pi，看到重新啟動程序請別驚慌。如果需要，可以趁此機會更改Pi裝置的主機名稱，以便之後可以輕鬆在網路上找到它。你可以看到我把自己的命名為pi_weather。如果所在地於英國，這時步驟已經完成了，可點選確定按鈕讓Pi重新啟動。英國以外地區的讀者，請切換到Localization（在地化）標籤，並確認區域、時區和鍵盤選項等都設定正確。點選OK，並重新啟動。接下來，你需要更新Pi的核心軟體。打開終端機視窗，並執行指令：

```
sudo apt-get update
```

這個指令會更新Pi的可用軟體套件索引。接下來，請執行：

```
sudo apt-get upgrade
```

這個指令則用來提取並安裝Raspbian操作系統、以及Pi上的其他軟體套件之最新、最佳版本。這會需要一段時間。

安裝專題軟體

Sense HAT使用自己專屬的Python函式庫。到終端機視窗執行以下指令以安裝：

```
sudo apt-get install
sense-hat
```

接下來，為專題的檔案建立一個位址：

```
cd ～
mkdir pi_weather_station
cd pi_weather_station
```

然後使用以下這個指令，將專題的Python來源碼複製到新的位址：

```
wget https://github.com/
johnwargo/pi_weather_
station/
archive/master.zip
```

並使用以下指令解壓縮文件：

```
unzip -j master.zip
```

專題軟體組態

為了將數據上傳到地下氣象站服務，我們的Python程式需要知道之前設定時建立的帳號密碼。在你慣用的文字編輯器中打開專題的config.py檔，然後在STATION_ID和STATION_KEY欄位填上從個人氣象站得到的帳號密碼值：

```
class Config:
# Weather Underground
STATION_ID = "YOUR_
STATION_ID"
STATION_KEY= "YOUR_
STATION_KEY"
```

專題的主要Python程式weather_station.py由兩個組態設定來控制。要更改這些值，請在文字編輯器中開啟檔案，在上方找到以下指令：

```
# specifies how often to
upload values from the
Sense HAT (in minutes)
UPLOAD_INTERVAL = 10  #
minutes
```

應用程式每隔10秒會讀取Sense HAT

John M. Wargo

上的溫度感測器，用於計算環境溫度。但我們不需要一直上傳數據到地下氣象站。因此，就有了UPLOAD_INTERVAL變數，控管發送數據的頻率。要更改這個間隔，只需更改等號右邊的數值即可了。

如果您還在測試應用程式的階段，在完成之前不想把數據上傳到WU，那就把WEATHER_UPLOAD的值更改為False（在Python中，大小寫必須為False，而不是false）：

```
#Set to False when testing
the code and/or hardware
# Set to True to enable
upload of weather data to
Weather Underground
WEATHER_UPLOAD = False
```

測試 PYTHON 應用程式

請打開終端機視窗，執行氣象站的Python應用程式。請到專題檔案所在的資料匣，執行以下指令：

```
python ./weather_station.
py
```

視窗應該會立刻輸出以下訊息：

```
###########################
########
# Pi Weather Station
#
# By John M. Wargo (www.
johnwargo.com) #
###########################
########
Initializing Weather
Underground configuration
Successfully read Weather
Underground configuration
values
Station ID: YOUR_STATION_
ID
Initializing the Sense HAT
client
Initialization complete!
```

如果你看到這些訊息，表示你破關了！如果沒有，試著理解錯誤訊息在說什麼，修修看、再試一次。此時，應用程式將每10秒鐘開始蒐集數據，並且每10分鐘把

它上傳到地下氣象站（除非你更動了上傳時間間隔的設定）。

自動啟動應用程式

最後，必須設定Raspberry Pi組態，以便在啟動時執行Python應用程序。在編程視窗中，進入剛剛解壓縮專題檔案的目的地資料匣。然後通過執行以下指令，讓專題的Bash腳本檔案可執行：

```
chmod + x start-station.sh
```

接下來，使用以下指令打開Pi使用者的自動啟動檔：

```
sudo nano ~/ .config /
lxsession / LXDE-pi /
autostart
```

並將以下這一行添加到檔案最後（底部）：

```
@lxterminal -e / home / pi
/ pi_ weather_station /
start-station.sh
```

要儲存更動，請按Ctrl-O，然後按Enter鍵。接下來，按Ctrl-X退出nano的應用程式。重新啟動Raspberry Pi。重新啟動時，氣象站的Python應該就會在終端機視窗中執行了（圖I）。

開始使用

你現在正在運作個人氣象站呢！你可以與朋友和鄰居分享自己的地下氣象站頁面，或是單純地為自己感到驕傲，因為你對世界最大的公共科學天氣數據庫有所貢獻！

計算環境溫度

製作專題時，有一個令人沮喪的部分，就是我遇到溫度讀數錯誤的問題。事實證明，Sense HAT有著設計缺陷，濕度和壓力感測器（兩個皆可測量溫度）沒有與Pi的CPU隔熱，結果無法精確測量環境溫度。天啊！還好，Pi社群已經找到方法來測量CPU溫度，使用該數值來估計一下環境溫度，誤差值可以小於1°C以內——幸好。我在程式碼中已經內建解決這個問題的辦法，以便你獲取較準確的溫度讀數。如果你用的是Raspberry Pi 3，因為它會比以前的Pi板產生更多的熱量，所以這個因素特別重要。你也可以把獨立的溫度／濕度感測器連接到Pi的GPIO腳位，並

編輯程式碼來讀取這個感測器！我隨手拿了一個來用（Adafruit # 385），搭配Adafruit周邊函式庫（github.com/adafruit/ Adafruit_Python_DHT），製作了一個版本。這個修改版的程式碼 就 在github.com/johnwargo/ pi_weather_station_simple。

在戶外架設氣象站

Zebra Case無法防水，因此建議你安裝在一個有遮蔽物的地方，例如走廊，或是做一個外殼保護它，同時可以讓它通風。如果安裝在無遮蔽物的地點，我使用塑膠的食品容器和外帶餐盒的盒蓋，即興製作了一個簡單的雨罩（圖J）。它的底部是開放的，在頂部有通風口，因此溫度應該很容易與周圍環境平衡（應用牛頓冷卻定律）。我不想在側面鑽孔，因為這樣會漏水，所以我把Pi安裝在一塊¼"的夾板上，將它貼到容器的內部。要查看我是如何做的，請至專題網頁——同時我也很想聽聽你的想法！ ◉

J

你可至makezine.com/go/raspberry-pi-weather-station瀏覽更多專題成果的照片，或是分享關於個人氣象站的想法。

DIY Hand Spinner

文：趙珩宇

自製手陀螺 使用軸承與數位加工機具自製熱門玩具！

ADporter

手陀螺（Hand Spinner）近來從美國流行至臺灣，是一種透過手指撥弄就能流暢旋轉的療癒系玩具。在校園中也時常能見到許多在學生手上把玩，形狀更是五花八門。除了購買現成市售手陀螺外，其實我們可以利用許多方法製作出自己的獨特手陀螺。下面就跟著步驟來，製作出一個獨一無二的手陀螺吧。

繪製外殼

手陀螺可以視為飛輪的一種，因此在製作上的重點不外乎中間軸承的選用以及外部配重設計。在這裡我使用Onshape來繪製外殼。Onshape是一套線上3D繪圖軟體，在操作上就與Solidworks等其他3D繪圖軟體相似──唯一的差異是這套軟體是免費的，卻同時支援Solidworks、Pro-E軟體的檔案，也能在繪製後輸出STL與DFX格式的檔案，非常方便。

首先，開啟Onshape，選取Top（上視）平面，並點選左上方的Sketch（草圖）開始繪製圖形。在臺灣市面常見的手陀螺多半是608ZZ的規格，這種軸承內徑8mm、外徑22mm、厚度6mm。因此，我們要先在中間畫一個直徑22mm的圓形（用來卡住軸承），然後再畫一條輔助線，抓出約25mm的距離。這個距離因人而異，但是設計成直徑80mm以內會比較好夾在手上。畫好直線後，在直線另一端畫上一個直徑22mm的圓，然後再畫出外圈，並使用Cut（裁剪）將重複區域的線段剪掉。

這裡我們以「三軸」的手陀螺做為範例，所以每個「軸」搭配的區域對應到圓心應該是120度，因此要再做出輔助線來量出確定的角度，並使用Cut裁去不要的區域。這個步驟處理完後，就使用環狀排列的工具，將剩下的區域全部複製一次，草圖就完成了（圖A），最後只要將草圖擠出6mm，即完成圖檔的繪製（圖B）。你可以輸出成STL進行3D列印，或是輸出成DXF進行雷射切割。當然，也可以列印成紙模，用線鋸手工裁切。

清洗軸承

手陀螺可以分為兩個區域：中間軸承以及外部配重。配重物沒有限定類型，只要能提供旋轉時的質量即可，所以也可以將軸承換成一元硬幣做為配重物。中間的軸承則是手陀螺的靈魂所在，你可以選擇較便宜的金屬軸承，或是品質較佳的陶瓷軸承來進行製作（陶瓷軸承又分為半陶瓷和全陶瓷）（圖C）。一般來說陶瓷軸承不會上油，但金屬軸承中間則上了許多保護與潤滑用的黃油，由於這些黃油黏滯性比較高，不利於我們快速轉動手陀螺，因此需要將它洗掉。

首先我們必須將軸承兩側的蓋子打開。建議使用尖嘴鉗或是老虎鉗夾著軸承，然後使用一字起子從軸承邊緣破壞軸承外殼。在操作時請注意不要壓迫到軸承中央，以免傷到中間的鋼珠（圖D）。

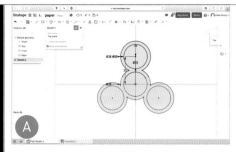

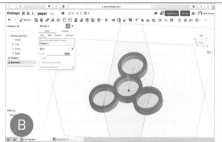

趙珩宇
Henry Chao

師大科技所研究生，主攻科技教育，目前任教於永春高中。喜愛參與 Maker 社群活動，希望將自造社群的美好以及活力帶給大家。

時間：
雷射切割30分鐘
3D列印2小時
成本：
40～120新臺幣
（依照選用軸承材質有所不同）

材料

» **608ZZ軸承（4）**金屬製約為15～30元，陶瓷製的則要100～400元。
» **3D列印線材**
» **壓克力**
» **密集板**
» **WD-40**
» **針車油**

工具

» **3D印表機**
» **雷射切割機**
» **尖嘴鉗**
» **一字起子**

轉動慣量

手陀螺為一種飛輪的變形，因此在設計時可以透過轉動慣量公式進行思考。轉動慣量的基本公式為，製作時只要注意中間軸承是否轉起來順暢，即可藉由增加四周重物的重量（m）的增加以及重物與中心距離（r）來設計出不同類型的手陀螺。

訣竅： 如果你手邊的軸承邊緣有一圈金屬環，則只要以針挑起金屬環即可。

當上下的蓋子都拆開後，使用WD-40來清洗軸承。先噴上WD-40，靜置10分鐘，然後將軸承拿到水下沖洗，重複以上動作直到軸承上的油都清洗乾淨為止。洗乾淨後會發現軸承旋轉起來變得十分順暢，接下來只要小心地將軸承壓進製作好的外殼中，手陀螺就大功告成囉！

注意： 將軸承安裝到手陀螺上時，請注意不要敲擊軸承，否則內部的鋼珠容易損壞。

更進一步

你還可以使用3D印表機或是雷射切割機做出可以讓手指頭捏住的地方，讓手陀螺可以更輕易地在指尖旋轉或是桌上旋轉。還可以設計成你喜歡的各種形狀，甚至是加上LED燈來讓你的手陀螺看起來更酷炫！（圖**E**、圖**F**）

瀏覽更多手陀螺設計以及製作檔案，請參考筆者的Thingiverse頁面www.thingiverse.com/henrychao/designs。

Chocolate Casting

巧克力翻模
文、攝影：郭有迪

使用自製真空成型機
打造巧克力模具

郭有迪
Andy Kuo
就讀於高雄第一科技大學機械與自動化工程系，喜歡把想到的東西動手做出來。

時間：兩個晚上
成本：約1,000新臺幣

材料
» PP 模型板（1）厚 0.5 mm，A4 大小
» 壓克力板（1）厚 5mm，A4 大小
» 熱熔膠（1）
» 3D 列印線材，600g PLA 1.75mm，粉紅色
» 巧克力，500g
» 包裝材料 挑選你喜歡的

工具
» 3D 印表機 Makerbot Replicator 5th Gen
» 雷射切割機 30W
» 桌上型 CNC MDX-40A
» 家用吸塵器
» 長尾夾
» 不鏽鋼盆
» 湯匙
» 鍋子
» 水 裝入鍋子達 8 分滿

噗浪（PLURK）在情人節時舉辦了贈送別人噗幣之後，自己也會免費獲得一個的活動。這讓我想到，假設收到的是實體的噗幣，而且還可以食用的話，這樣收禮的人應該會更高興吧。藉由此專題可以練習 3D 建模、真空成型技術與 CNC 技術，不但能增加實作經驗，還能表達自己的心意，可以說是一舉兩得。

繪製 3D 模型

噗浪幣只有 2D 的美術設定稿，並且沒有標上特定尺寸，只能在繪製 3D 模型時候慢慢地跟美術設定稿比對，並維持比例上的美感。尺寸的精準度在此專題中並非重點，會有許多小數點出現，不過為了最後呈現的美感請先忽略（圖Ⓐ）。它的形狀並不是太複雜，你可使用自己熟悉的 3D 軟體進行繪製，詳細的比例調整可以等列印出來後再進行放大縮小。你也可以到 www.thingiverse.com/thing:2111983 下載我繪製的 3D 模型，直接開始作業（圖Ⓑ）。

接著我將模型用 3D 印表機印成實體，

進行比例與大小的確認。打樣時使用 3D 列印比較省時省力，不需像 CNC 需要對刀或是換刀，只要將檔案直接列印即可。我在 Thingiverse 中附上的 3D 列印檔案，實際大小剛好符合一個硬幣的概念，且翻模成功率很高（圖Ⓒ）。

真空成型機製作

設計出硬幣的大小後，我發現真空成型機所需的工作空間並不需要太大。因此我在 Thingiverse 尋找可以全部使用 3D 列印完成的真空成型機，最後找的是亞倫·史塔林（Aaron Stalling）分享的版本（可至 www.thingiverse.com/thing:1611996 下載製作）。但是用來放置噗浪幣的平臺無法使用 3D 列印，因為學校的印表機無法列印大範圍的平板，四角會翹得非常嚴重；因此我改用壓克力板與雷射切割機製作，在壓克力板上打出少許孔洞，並將四個邊角以熱熔膠密封（圖Ⓓ）。此外，用來固定塑膠板的外框也改用壓克力板製作（圖Ⓔ）。

Sean Timberlake

動手翻模

準備好原型還有真空成型機之後，就可以來翻模了。真空成型機的操作步驟如下（圖 F）：

» 準備好所有工具
» 將原型放置在真空成型機的壓克力板上
» 加熱塑膠板
» 開啟吸塵器抽氣
» 繼續加熱塑膠板到軟化垂下，注意不能吹破，要從中心慢慢畫圈向外
» 軟化的部分大於原型時，就快速的將塑膠板壓在原型上
» 視情況繼續將塑膠板加熱，確認一些直角與細節有成功成型
» 關閉吸塵器

我一開始直接拿前述步驟中的3D列印原型來進行實驗性翻模，但是實際進行後，發現3D列印的噗浪幣無法承受與高溫塑膠板接觸，而且我是使用熱風槍手動加熱，常會導致塑膠板無法均勻加熱，需要一邊吸氣一邊加熱，3D列印噗浪幣就會一起軟化，導致模型變形，還會黏在塑膠板上難以取下。後來我便改用CNC工具機，以木頭製作真空成型用的原型（圖 G），如此便不會有熔化變形的問題。按照上述的步驟操作，就能成功獲得塑膠片製的巧克力模具了（圖 H）

巧克力灌模

製作好真空成型的塑膠片模具後，接下來就可以融化巧克力進行灌模了！首先將一鍋水煮滾後轉到小火，另外在不鏽鋼盆內放入一些巧克力（圖 I），將鋼盆泡一下熱水後拿起，以餘溫慢慢地將巧克力融化。待所有巧克力皆融化後，即可將巧克力倒入模具內（圖 J）。等到巧克力冷卻，大概半小時後就可以放入冷凍庫。等待巧克力在冷凍庫完全凝固，即可進行包裝（圖 K）。包裝材料可以在食品原料行購買。你可以將你的模型帶去食品材料行比比看大小，挑選一個適合對方、又可以充分表達心意的包裝吧。

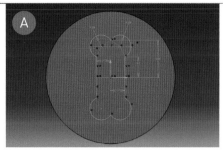

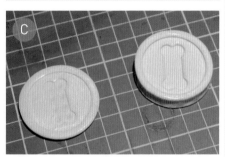

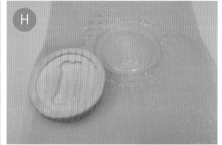

詳細的真空成型機操作步驟影片，請上 www.youtube.com/watch?v=qzl3ULXdtmw瀏覽。

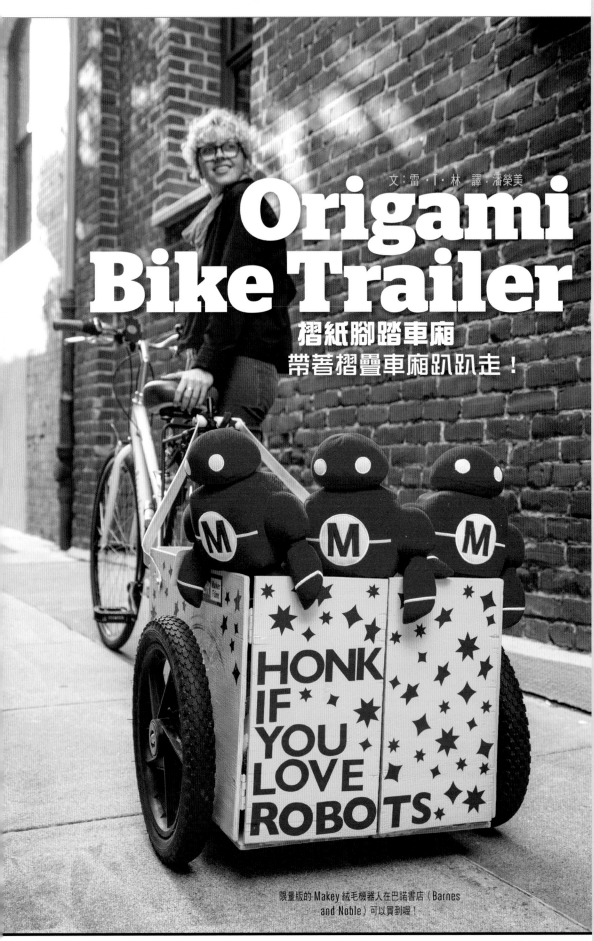

文：雷‧T‧林 譯‧潘榮美

Origami Bike Trailer

摺紙腳踏車廂
帶著摺疊車廂趴趴走！

限量版的Makey絨毛機器人在巴諾書店（Barnes and Noble）可以買到喔！

時間：
一個週末
成本：
40~120美元

材料

拖車材料：
» 夾板，厚度 ½"，總面積 4'×6'，包括：側邊 16"×22"（2），底板 9"×22"（2），前後板 9"×16"（4），上蓋 23"×21"（1）
» 絞鍊（18）
» 鎖扣（5）
» 木螺絲，½"，足夠固定所有絞鍊和鎖扣的量
» 安全鉤（5）（非必要）
» 腳踏車輪，24"（2）
» 螺栓，½"×6"（2）
» 螺帽 ½"（4）
» 擋板墊圈，½"（4）
» 鎖緊墊圈，½"（2）
» 油漆

拖車手臂材料：
» 鋼條或鋁條，⅛"×1½"×24"（2）
» 水管，直徑 1"，長度 6"
» 螺桿，¼"，長度 7"
» 圓蓋螺帽，¼"（2）
» 螺栓，⁵⁄₁₆"×1"（4）
» 蝶形螺帽，⁵⁄₁₆"（4）
» 墊圈，⁵⁄₁₆"（4）

工具

» 鑽頭：³⁄₈" 麻花鑽頭，⁵⁄₈" 鏟形鑽頭，1" 鏟形鑽頭
» 螺絲起子

雷‧T‧林
Ray T. Lam
喜歡科學、藝術、設計、程式設計和哲學。專題作品都會放在他的個人部落格 rtlbuiltdiy.blogspot.com。

Hep Svadja

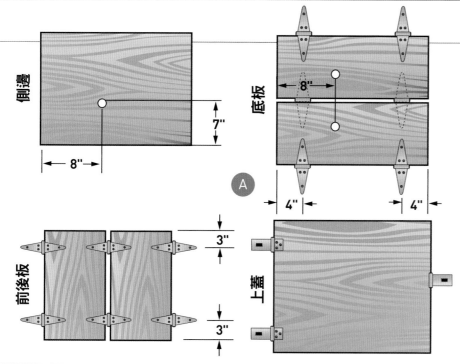

側邊

7"

8"

底板

8"

4"   4"

前後板

3"

3"

上蓋

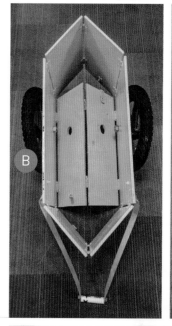

A

B

C

我一直在尋覓可以放在腳踏車後面的拖車，但是目前看到的都不合我意。我為何要花250美元買個勉強可以接受的東西？太不值了。所以我就使用手邊的材料，迅速地做了這個可折疊的，算是摺紙藝術的拖車。在紐約，空間可是個大問題，所以我把它做成折疊式的，可以收進我的公寓小窩。我很快就決定用½"的夾板當材料，因為¾"的一定會太重。這裡就是我動手做之後的成果。雖然還有很多改進空間，不過它可以毫不費力地載重超過100磅喔！我還可以把嚇死人的Chevy Volt電池塞進去，這樣電動腳踏車就更持久了！再加上我自己設計的把手，就變成了手推車。我寫了一些基本的步驟，讓你可以參考它來自製一臺。

1. 製作摺疊車廂

按照以下圖示和圖片（圖 A）組裝，完成後測試一下摺疊的效果。我自己對測試結果非常滿意。如果箱子不幸垮掉，你可以加上兩個扣子，把兩個底座和前後的板子連接起來，箱子就會穩穩固定了。

2. 組裝車輪

車輪的輪軸是½"的螺栓，用大的法蘭墊圈固定至夾板。我用5/8"的鏟形鑽頭在夾板上鑽洞。完成後，再次測試車廂摺疊起來的效果，然後在螺栓接觸底板的位置做記號。接著在兩片底板上各鑽出1"的通孔（圖 B），如此一來，摺疊時輪軸的螺栓就能塞進孔裡，摺疊後體積更小（圖 C）。

3. 加上蓋子

因為收納車廂時需要摺疊，所以它的蓋子要做成可拆式的。我用了三個鎖扣來固定，並且把內面的兩個稍微弄彎，讓它和箱體更貼合。另外，我還用安全鉤來鎖住（圖 D），不過你也可以選用轉鎖型的鎖扣。

4. 塗色

暫時把車輪拆下來，然後將拖車上色吧。我用的塗料是波音飛機專用的綠色環氧樹脂底漆。

5. 製作拖具

至於用來拖車廂的支架（圖 E），我使用的是Home Depot販售的1/8"扁鋼條，把它彎成如圖中的形狀。把手則使用1"的鋁製水管，以1/4"的螺桿支撐於兩個手臂間。

6. 最後組裝

我用四個5/16"附蝶形螺帽的螺栓，把支架固定至車廂上，這麼做是為了讓它可以拆卸。如果只拆掉後面兩個螺栓，就可以整齊地摺起來（圖 F）。至於連接到腳踏車的部分，目前我使用行李繩接到車後方的架子，還沒想到更好的連接方法，下集待續。

完成了！雖然還有很多細節需要修改，但是已經很好用又好摺了！

D

E

1½"

24"

F

可前往makezine.com/go/origami-folding-bike-trailer觀看更詳細的步驟照片和圖表。

James Burke, Hep Svadja, Ray T. Lam

Leaf Blower Wiffle Ball Launcher

吹葉威浮投球機

這個最擾人清夢的庭院工具有更好的用途！

文：威廉·葛斯泰勒　譯：花神

U.S. Dept. of Defense, William Gurstelle

科學總是不斷在進步，然而它不一定會走向我們希望它走的方向。有時候我不禁想，要是某些玩意沒有被發明出來就好了。如果要我們選擇「本世紀最糟糕的發明」，每個人應該都會有自己的想法，但是有些東西不管怎麼看就是糟透了。

首先，我們來看看二十世紀最糟糕的點子：小型核子武器系統（baby nuke）。

在冷戰時期的黑暗日子，核子戰爭意味著毀滅，核彈的威力強到光用想像的就讓人不願多談。然而在二十世紀中葉，美國的戰爭策劃者想到了一個主意：小規模的核子戰爭。戰術核子武器（tactical nuclear weapon）的想法於焉誕生。

第一個以砲彈的形式發展出來的核子武器是M65大砲，暱稱為核子安妮（Atomic Annie），這套武器系統可以將15千噸的砲彈投射到7英里之外。安妮問世後沒多久，更小型的核彈系統也被發展出來了。

這款小型的武器系統代號是大衛·克拉克（Davy Crockett），包含無後座力砲和可攜式砲彈（圖A）。我認為，這個發明從許多方面來說都糟糕透了。在這個核彈的落點附近半英里之內，所有東西都會灰飛煙滅，還會釋出具有放射性的煙霧。這款砲臺的射程上限大約是3英里，推算起來，砲兵自己也會受到放射物質的傷害，尤其是在逆風時。

更糟的是，我們完全可以想像如果一方開始使用小型核子武器，另一方一定也會以牙還牙，在

二十世紀最糟糕的發明：
戰場上的核子武器。

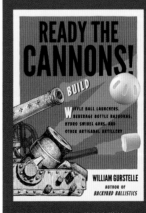

二十世紀第二糟糕的發明：吹葉機。

冤冤相報之後，大型的洲際飛彈就會上場了。我相信再過不久，蟑螂和節肢動物又會重新稱霸這個星球。這就是我認為戰術核子武器系統是史上最糟糕點子的原因。

話題有點太嚴肅了。我們現在來聊聊二十世紀第二糟糕的發明吧！那就是吹葉機（圖B）。

在你家附近的大型五金材料店裡，可以找到很多讓生活更便利的燃油或電動戶外工具。也許割草機或吹雪機不是我的最愛，但這些工具至少都有重要的功能。那吹葉機呢？我認為吹葉機跟大衛·克拉克核子武器系統一樣，根本就不應該被發明。如莎士比亞的《馬克白》所說，一臺吵雜的消費級吹葉機「為愚人所用，充滿喧嘩與焦慮，卻沒有任何意義。」

我之前的鄰居胖彼得超愛他的吹葉機。對他來說，一天中的24小時都是最佳吹葉時機。他不用耙子或掃帚來清理來打掃院子，卻喜歡扛起吹葉機，用那100分貝的噪音侵擾鄰居的寧靜生活，且時常會持續使用一至兩小時。同樣的工作，若使用耙子大概可以節省一半的時間。

不僅如此，吹葉機還非常耗費能源且高汙染。一般的吹葉機都是用小型二行程燃油引擎，將油倒進機器裡並排出廢氣，這種吹葉機造成的汙染比3噸重的福特貨車還嚴重，碳足跡也比貨車多30倍。電動吹葉機較不會汙染環境，但還是非常吵雜，而且我認為效果仍比耙子差多了。

所以，到底吹葉機有什麼存在的目的呢？其實是有的，我們可以拿來做成超棒的威浮球

威廉·葛斯泰勒
William Gurstelle
《MAKE》雜誌特約編輯。你可以在 readythecannons.com 找到他關於DIY大砲的新書。

**時間：
1～2小時
成本：
25美元＋一臺吹葉機**

材料

» PVC管，直徑 3"，總長 11½' 裁切為 10' 和 18" 長。
» PVC管，直徑 2"，長 4"
» PVC轉接管（排氣 T型接頭），3"×3"×2"
» 小的羊眼螺絲（2）
» 鋸木架（3）或其他支撐的結構。
» 彈性繩（2）
» 吹葉機 吹葉機的效能單位是每分鐘平方英尺（CFM），CFM值愈高，表示空氣會吹得愈遠、愈精準，在選購時可以此做為參考。
» 萬用膠帶
» 威浮球

工具

» 電鑽
» 螺旋鑽頭
» 護目鏡
» 打擊手安全帽

READY THE CANNONS!

BUILD

WIFFLE BALL LAUNCHERS, BEVERAGE BOTTLE BAZOOKAS, HYDRO SWIVEL GUNS, AND OTHER ARTISANAL ARTILLERY

WILLIAM GURSTELLE
AUTHOR OF
BACKYARD BALLISTICS

本文摘錄自威廉·葛斯泰勒的《發射預備：威浮球發射器、飲料瓶巴卡祖火箭筒、水電迴旋砲與更多手工專題》（暫譯）（Chicago Review Press出版）©2017。

排氣 T 型接頭近照。

威浮球投球機完成品,已準備好發射!

（Wiffle Ball）投球機!

　　威浮球投球機可以準確（以威浮球的標準來看）而不間斷地在遊戲或練習中投出球。要製作這臺投球機,只要花 25 美元買水管,拿一些碎木料,再加上你的吹葉機就行了。其中有一顆很重要的關鍵零件,那就是 PVC 塑膠配件「排氣 T 型接頭」。

　　如同命運的安排般,3"×3"×2" 的排氣 T 型接頭恰好可以將吹葉機轉變為威浮球投球機。排氣 T 型接頭可以接受直徑 3" 的 PVC 管,能夠充當威浮球砲管;而 2" 管徑的部分正好可以接到吹葉機的噴嘴。

　　不過最神奇的是,這樣的組合方式透過流體力學中的伯努利定律（可參考《MAKE》國際中文版 Vol.25「Remaking Story」專欄的〈文丘里與文氏效應〉）,當我們把威浮球放進管子裡,球就會被吸進去,然後從管子發射出去。

打造你的威浮投球機

1. 在排氣 T 型接頭較厚的部分,鑽兩個直徑為 1/8" 的孔洞,並裝上羊眼螺絲,如圖 **c** 所示。

2. 接下來請參考威浮球投球機組裝圖。將 10' 長、直徑為 3" 的 PVC 砲管裝進排氣 T 型接頭水平端的 3" 開口。請不要裁剪砲管長度,若砲管不夠長,威浮球發射的速度就不會很快,射程也不會夠遠。

3. 將長 18"、直徑 3" 的威浮球充填管裝到排氣 T 型接頭垂直的 3" 開口上。

4. 將砲管、充填管和排氣 T 型接頭放到鋸木架上,然後用彈性繩和羊眼螺絲固定,將充填管保持在垂直的方向。

5. 有一些吹葉機的噴嘴可以直接裝在排氣 T 型接頭的 2" 開口上。如果你的可以,就可以直接跳到步驟 6。如果不行的話,請將長 4"、直徑 2" 的 PVC 管裝到排氣 T 型接頭的 2" 開口上,再用合適的轉接頭連接。

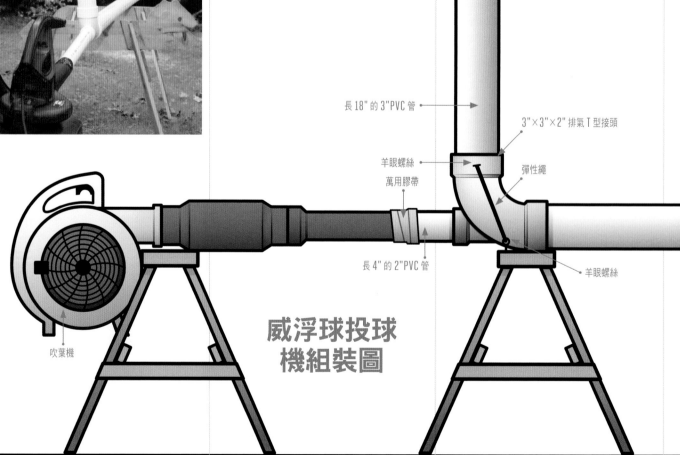

長 18" 的 3"PVC 管

3"×3"×2" 排氣 T 型接頭

羊眼螺絲

萬用膠帶

彈性繩

長 4" 的 2"PVC 管

羊眼螺絲

吹葉機

威浮球投球
機組裝圖

6. 將吹葉機的噴嘴連接到排氣 T 型接頭的 2"開口，再用萬用膠帶固定穩妥（圖 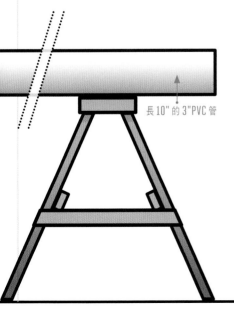 D），一切就準備就緒了！

打擊手就位！

打開吹葉機，把威浮球裝入充填管，欣賞令人振奮的發射畫面吧！我的測速器顯示，威浮球發射時的速度約為時速50英里（約80.5公里）。若要改變射擊角度，可以用碎木塊將砲管升高。由於威浮球上面有孔洞，因此發射路徑會變成曲線，不容易打到，讓打擊的過程更加有趣。

大部分的吹葉機能量都不強，不會讓威浮球因速度太快而造成危險。但是因為威浮球的發射路徑不容易預測，所以很容易被球打到，所以還是要戴上打擊手的頭盔和護目鏡。◐

到makezine.com/go/leaf-blower-wiffle-ball-launcher與我們分享你的投球機和打擊訣竅吧！

長 10" 的 3"PVC 管

William Gurstelle, Damien Scogin courtesy of Chicago Review Press

空氣槍制勝

這兩種空氣槍——薩雅・路肯斯（Isaiah Lukens，上圖）和巴洛繆・基阮都利（Bartholomäus Girandoni）的其中之一，可能就是西元 1804 至 1806 年，由梅里韋瑟・路易斯（Meriwether Lewis）帶領的西部探險隊所使用的槍枝。

形式不同的空氣槍有著好幾千年的歷史，比火藥槍的歷史還要長了許多。 由於吹箭也可以算是一種空氣槍，因此甚至可以推算到史前時代。

即使是機械式的空氣槍，歷史也十分悠久。一開始，一些以大型獵物為目標的聰明獵人想到在吹箭的後膛裝上鼓風裝置，他們不用吹氣來驅動箭矢，而是在後頭裝上一個可以擠壓的風袋，只要一擠，就會射出箭或子彈出來。如果用槓桿機械裝置來擠壓封袋（就像打鐵匠的風箱裝置），射出來的箭就會比用肺吹氣有力得多。

已知最早的機械式空氣槍現在存放於瑞士斯德哥爾摩的軍械博物館（Livrustkammaren Museum），年代大約可推算至1580年。在這把老式空氣槍的槍托部分，有著用來控制風箱的彈簧裝置，當使用者扣下板機時，彈簧就會壓縮風箱，造成一股強勁的氣流，將特製的弩箭或鏢射向目標。

西元1600年左右，空氣槍射擊在歐洲成為一種運動。根據相關研究，使用移動活塞做為動力的空氣槍在這時候出現，和過去的風箱相比，誠然是技術上的躍進。關於這種槍的構造，在法國路易十三世的老師大衛・荷瓦（David Rivaut）的《火砲百科》（Element d'Artillerie）中有詳盡的描述。書中指稱這種新式的空氣槍由「來自里修的小市民馬林」所發明，並呈獻給了英王亨利四世。到了十九世紀，空氣槍已經發展得比類似大小的火藥槍更為精準、威力更強。

西元1800年時，無論大小或品質，空氣槍的製造成本都很高，需要好幾個月的時間、艱深的技術以及優良的工具才能完成。這是因為空氣槍裡裝有閥、鎖、氣缸和和儲存裝置等，需要精準的製作技術。因此，空氣槍比普通的火藥槍貴上許多，大部分的人都無法負擔得起這麼奢侈的運動用品。

但對那些負擔得起的人們來說，空氣槍有許多可取之處。與那些從槍口裝填彈藥的滑膛槍相比，空氣槍簡直是獵人的夢想。舉個例子來說，空氣槍1分鐘可以發射多發子彈，而火藥槍還需要裝填彈藥才能發射。

此外，空氣槍不會冒煙遮住視線，可以更準確地瞄準下一個目標。另外，如果使用空氣槍，就不用擔心火藥沾溼的問題，在濕氣重的地方也可以使用。

美國歷史上最有名的空氣槍，大概就是梅里韋瑟・路易斯在1803至1806年遠征時帶的那一把。真槍現存於美國維吉尼亞軍校歷史武器博物館中（學界對其譜系尚有爭論），該博物館聲稱這把.31"口徑的燧發空氣槍是由費城的鐘錶匠艾賽亞・路肯斯所打造，並隨著遠征隊來回哥倫比亞河谷。不過，最近也有學者指出，路易斯帶的是基阮都利空氣槍（Girandoni air rifle），為奧地利人設計的連發槍，只要一分鐘就可以射完匣內的二十發子彈。無論路易斯帶的是哪一把槍，其射擊時的風采都讓這趟傳奇旅程中遇到的原住民眼界大開。

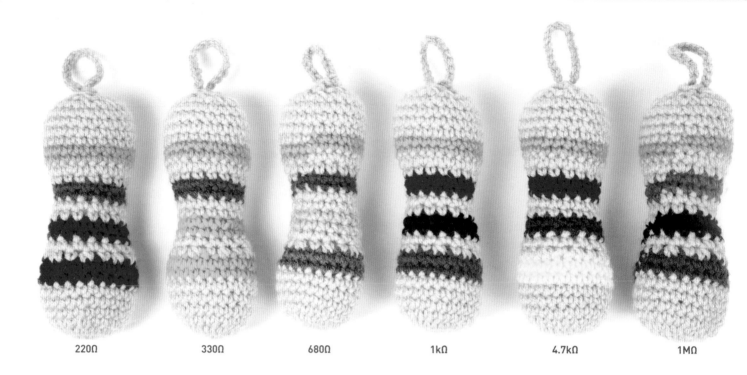

220Ω　　330Ω　　680Ω　　1kΩ　　4.7kΩ　　1MΩ

Irresistible Resistors

迷人的毛線電阻

文：亞曼達・柯爾　譯：呂紹柔

鉤針編織這些可愛又可以幫你記住電阻值的毛線娃娃

Hep Svadja

時間：
1～2小時
成本：
5～10美元

材料

» 中等重量的 4 號毛線，六種顏色：
顏色1：電阻本身的顏色，通常是淺棕色
顏色2：第一位數電阻色碼
顏色3：第二位數電阻色碼
顏色4：電阻倍率色碼
顏色5：電阻容差色碼
灰色：製作掛勾
» 聚酯填充物，每顆電阻約兩大把

工具

» 4mm/6/G 鉤針
» 紗針
» 一個

織法用縮寫

st	sl st	ch	sc	inc	dec
針數	引拔針	鎖針	短針	短針加針	短針併針

　　我想到一個方法將我熱愛的電子工程和鉤針編織結合在一起：我以鉤針編織的方式，用毛線及聚酯填充物打造了一個電阻元件模樣的毛線填充娃娃（amigurumi），還寫了鉤針織法教學供大家參考。

　　amigurumi這個詞源自於日文，意指任何動物、生物或其他無生命物體模樣的針織或鉤針娃娃。我在認識amigurumi後，便有了製作這個電阻的靈感。我發現，如果能結合我對鉤針和電子的熱愛，將一般常見的電子元件製作成毛線娃娃是件很棒的事情！電阻是最適合不過的選擇了，不但形狀簡單，容易鉤針，它的電阻色碼也能讓Maker及電子領域的人一眼就認得出來。

　　我先設計了電阻的外型，然後再前往手工藝材料行，挑選最合適的顏色。由於電阻參雜著不同的顏色，因此在製作時必須不斷更換毛線的顏色，十分新鮮有趣。而製作這個毛線娃娃的附加好處，就是可以幫助我記憶電阻常見的電阻值！

　　鉤針的織法本身相當的簡單，只要有自信，就算是初學者也能操作，在你熟悉織法後，便能在1小時之內完成一個電阻。

織法與針法

　　電阻的編織方式是螺旋型的圓型織法。請用鉤針記號標記每一圈的第一針。編織的過程中並沒有折縫線或是回針。完成每一個顏色的鉤針後，把色紗的尾端綁起來並修短，鉤到最後幾圈時再把電阻內塞滿填充物。

完成尺寸：6"×2"×2"

織法

■ 第一圈：用顏色1，鉤4針鎖針，在第一針

亞曼達・柯爾
Amanda Cole
熱愛武術、鉤針及發明無意義的作品。她目前在美國賓州修習電子工程學，也在Electrothoughts（electrothoughts.wordpress.com）發表文章。

鎖針處鉤一引拔針，形成一個圈。鎖針1（算針數），鉤11針，不合併。（12針）

■ **第二圈**：短針加針一圈。（24針）

■ **第三至六圈**：短針一圈。（24針）

■ **第七至八圈**：不要剪斷顏色1的毛線，因為到第九圈會用到。用顏色2鉤單針一圈。（24針）

■ **第九圈**：從下面的兩圈拉出顏色1，（短針併針，1短針）八針一圈。（16針）

■ **第十圈**：短針一圈。（16針）

■ **第十一至十二圈**：一樣不要把顏色1的毛線剪斷，因為接下來還會用到。用顏色3鉤單針一圈。（16針）

■ **第十三至十四圈**：用顏色1鉤單針一圈。（16針）

■ **第十五至十六圈**：用顏色4鉤單針一圈。（16針）

■ **第十七圈**：用顏色1鉤單針一圈。（16針）

■ **第十八圈**：（短針加針，1短針）八針一圈。（24針）

■ **第十九至二十圈**：用顏色5鉤單針一圈。（24針）

■ **第二十一至二十四圈**：用顏色1鉤單針一圈。（24針）

■ **第二十五圈**：短針併針一圈。（12針）在

下一個步驟前用聚脂填充物塞滿內裡。

■ **第二十六圈**：短針併針一圈。（6針）打引拔針、打引拔針再鬆開，將顏色1的尾端打結，織進末端中。

用灰色的毛線打20針鎖針製作吊環並綁好，把吊環穿過紗針，穿過電阻上頭，將兩條紗線的尾端綁好。

這個毛線填充電阻可以用來當作聖誕節的裝飾物、工作坊的裝飾品或用來展示你最喜歡的電阻值——或是送給你暗戀已久的理工宅吧！ ◐

前往makezine.com/projects/crochet-your-own-adorable-amigurumi-resistor與我們分享你的毛線作品吧！

Reader's Report

電阻毛線娃娃製作報告

看看《MAKE》讀者所分享的專題製作心得與技巧！
撰文、攝影、製作：高稚然

從華麗的蕾絲鉤針開始編織生涯的我，一直在尋找能引起大眾共鳴、適合推廣的鉤針作品，這篇電阻毛線娃娃剛好符合我的各項需求。電阻毛線娃娃的技法相對簡單，只用到：鎖針、引拔、短針、短針加減針，基本上一體成形，無須複雜的縫合組裝，只有配色換線跟收尾麻煩一點，是個有趣且適合入門的作品！以下分享幾個比較麻煩的地方及小技巧。

事前準備

毛線的部分盡可能選同款，或者至少粗細近似的線材，換色時會比較平整諧調。本次製作的是220 Ω的電阻，色碼為：紅紅棕金。接著找到相應尺寸的鉤針，本文使用的是5/0號。在不改變針目設計的情況下，可使用不同粗細的毛線調整大小。工具的部分：記號圈可用別針替代，毛線針的工作雖然勉強可用鉤針取代，但實在難用許多，建議還是買一個。另外可準備鑷子輔助塞棉花。

因為平日使用的電阻倍率環與誤差環的間隔較大，我將原設計的第17圈（16針短針）多重覆兩遍，調整兩者的距離。

螺旋型織法起針

鉤4個鎖針，頭尾以引拔相連，形成起針用的環，也可以改用輪狀起針，收口比較緊密。鉤1針鎖針，再鉤11個短針，共計12針，完成第一圈（圖A）。

頭尾不相連

接著直接在一開始的鎖針上做短針，此即為第二圈的第一針（圖B）。別上記號圈以識別。之後每完成一圈，都要將記號圈移至下一圈

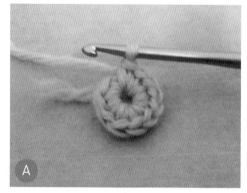

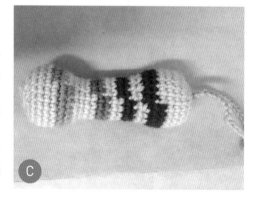

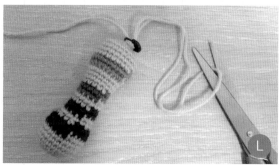

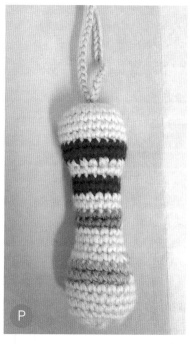

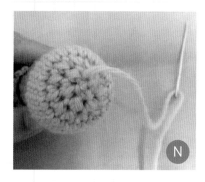

的第一針。

　　螺旋型織法的優點是製作連貫、表面平整，缺點是配色處會錯開（圖C）。

　　如果想要連續的色環，可以改用一圈一圈的織法。第一圈改做12短針，並以引拔頭尾合併（圖D）。

　　以引拔結束每圈的優點是針數較好計算，可以不用記號圈，並且得到完整的色環。缺點是會有一條凸起的接線（圖E）。

配色換線

　　保留換色前的最後一目不鉤（圖F），直接鉤入下一個顏色的線（圖G），並保留2～3公分的線頭。如果之後還會用到的話，就不用把前一個顏色的線剪斷，但這樣鉤製時就會有兩個線頭，注意別打結了。

　　手拉調整兩線的鬆緊，鉤短針，注意要將線頭一起包覆在內，這樣就不用另外藏線頭了（圖H）。如果擔心不夠牢靠的話，可以先將兩色線打個結。

　　如果不需再用到該色線，將其留2～3

公分的線頭後剪斷，一樣在接下來鉤短針時一併包覆線頭（圖I）。

收尾縫合

　　在減針到手指伸不太進去前先塞進棉花。可使用鑷子輔助，填充較細緻的輪廓並壓實（圖J）。

　　之後鉤製時要注意別把棉花一併鉤進去，最好用手指壓下棉花，隔開它與毛線的距離（圖K）。

　　完成末針後將毛線往外拉20～30公分，剪斷（圖L），將連著毛線球的部分抽出，並將線頭穿進毛線針。

　　毛線針挑最後一圈的針目（圖M），拉緊完成收口（圖N）。

　　將剩餘的線打個結後往內刺入，稍微拉緊使結藏到作品內，如果覺得線頭太長也可沿著原孔穿回並往其他地方刺出，同時可加強打結的強度（圖O）。貼著作品剪去線頭，拍鬆電阻毛線娃娃使線頭縮回內部並調整形狀。

掛鉤製作

　　最後用鎖針鉤出自己想要的掛勾長度，使用前述收線頭的方式將掛勾縫在電阻上（圖P），便完成220Ω的電阻毛線娃娃了！

高稚然
臺大機械系學生。CAVEDU教育團隊兼任研究員。熱愛各式手工藝、棒鉤針編織、機器人與逛書店。

文：約翰・基弗　譯：屠建明

A Bright Idea

神奇蠟燭 用Arduino打造可實際吹熄的LED蠟燭

約翰・基弗
John Keefe
紐約公共廣播電臺
WNYC數據新聞團隊的
資深編輯。他同時也主持
許多與感測器和新聞有關
的工作坊、在紐約多所學
院和大學任教，並成立
了 Really Good Smarts
LLC 創意合作平臺。

Hep Svadja

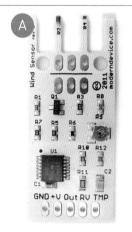

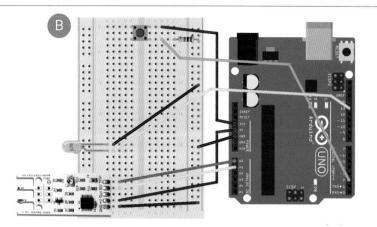

時間：
1~2小時
成本：
50~60美元

材料

» **Modern Device 風感測器** 17 美元 moderndevice.com/product/wind-sensor/。

以下零件你可以分開購買，或是直接購買「Make: Getting Started with Arduino」套件，可於 makershed.com 或巴諾書店購得。

» **Arduino Uno 微控制板** 要讓這個專題佔的空間更小，你可以用 Arduino Nano 或大小差不多的 Arduino 相容板。
» **USB 線** Arduino 用
» **麵包板** 10×30 或更大
» **按鈕開關** 上頭有直徑 0.1" 的針腳，可以插入麵包板中
» **10kΩ 電阻** 上頭的條紋是咖啡色、黑色和橘色的
» **一般 LED** 你也可以升級成有閃爍效果的 LED，如 Evil Mad Scientist（evilmadscientist.com）上的貨號 #408。
» **跳線（10）**
» **附開關的 9V 電池組（非必要）** 或是 Arduino 電源供應器

工具

» **烙鐵和銲錫**
» **安裝好 Arduino IDE 軟體的電腦** 可至 arduino.cc/downloads 免費下載
» **專題程式碼** 可至 keefe.cc/electric-candle 免費下載

本篇文章摘錄自
《Family Projects for Smart Objects》，
內含11個適合年輕maker製作的專題。
此書可於makershed.com 或各大書局購買。

「我們要如何做出可以吹熄的LED蠟燭呢？」

我和女兒有一天傍晚聊到這個話題，於是便上網查詢各種能感測氣流的方法。在搜尋的過程中，我們發現了一款恰巧符合我們需求的感測器，於是就根據這款感測器設計了這個專題。

專題概念：如何感測氣流和風？

氣象站會使用具有旋轉風杯的風速計。而另一種偵測氣流的方法是將兩片鋁箔近距離架設，並偵測兩者接觸時產生的電流通路，但這個方法可能也會偵測到好奇的貓咪。

還有一種方法，原理和披薩太燙時我們會吹氣降溫相同。我們可以用電流把電線加熱，等它被吹過的氣流降溫後，再測量溫度變化來感測氣流。這種裝置被稱為「火線」（hot-wire）風感測器。Modern Device 有一款這樣的產品（圖 A ）可以和 Arduino 結合使用。

1. 組裝風感測器

你需要把排針針腳焊接到感測器上，稍後就可以插入麵包板。

焊接？好可怕！

焊接其實一點都不難，但你會需要一組烙鐵、一些銲錫，還要做一點功課。學習焊接很有成就感，而且很簡單。在SparkFun上有不錯的教學，也可以在Make網站參考焊接的Skill Builder。這個專題是學焊接的好時機，因為只有5個點需要焊接：要插入麵包板的5個排針針腳（感測器附有排針）。

焊接最困難的地方，是要在點銲錫時把元件固定。在這個專題裡，我們可以用麵包板來幫忙。只要把排針針腳的長端插入麵包板，並把風感測器末端的5個孔套到排針腳位的短端上。為了維持麵包板的水平，可以在麵包板和感測器電路板的另一端之間放一枚硬幣。

接著就可以開始焊接了。請確認針腳的銲錫沒有碰到另一個針腳。把排針焊接完成後，就可以進行下一步了。

2. 連接元件

上圖是這個專題的接線圖（圖 B ）。從現在開始的元件都是插入即可，不用再焊接了！

» 將按鈕插入在麵包板頂端，橫跨中央凹槽，其2個針腳現在在第1列。
» 將電阻的其中一個針腳插入麵包板J欄第3列。

> **注意：** 電阻的這個針腳要和按鈕的一個針腳在同一列。但因為按鈕有各種尺寸，如果你的按鈕有一個針腳在不同列，就把電阻的針腳改為插在那一列。

» 將電阻的另一個針腳插入藍色負極（-）列上的任一個孔中。
» 將LED的短針腳插入A欄第20列。
» 將LED的長針腳插入下面一個孔，也就是A欄第21列。
» 將LED的針腳接觸麵包板的地方，將LED小心地彎成直角，讓它「躺」在麵包板上。
» 將風感測器的5個針腳插入A欄的最下面5列，也就是第26到30列。風感測器剩餘的部分會從麵包板的左邊伸出，而感測器的GND針腳會位於A欄第30列。目前的進度會如圖 C 。

接下來要處理跳線。以下每個步驟都是一條跳線兩端連接的做法。線的顏色沒有差別，但我會對照圖B接線的顏色來說明。

» 將紅色跳線的一端連接Arduino的3.3V腳位，另一端插入麵包板H欄第1列。

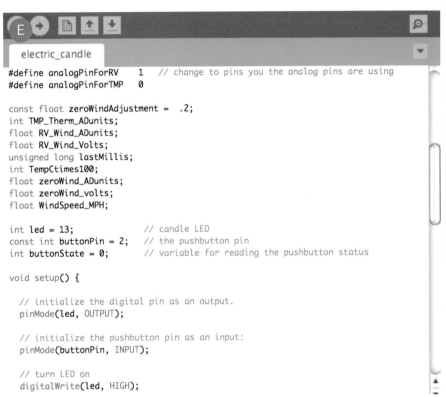

```
electric_candle

#define analogPinForRV     1     // change to pins you the analog pins are using
#define analogPinForTMP    0

const float zeroWindAdjustment =  .2;
int TMP_Therm_ADunits;
float RV_Wind_ADunits;
float RV_Wind_Volts;
unsigned long lastMillis;
int TempCtimes100;
float zeroWind_ADunits;
float zeroWind_volts;
float WindSpeed_MPH;

int led = 13;                 // candle LED
const int buttonPin = 2;      // the pushbutton pin
int buttonState = 0;          // variable for reading the pushbutton status

void setup() {

  // initialize the digital pin as an output.
  pinMode(led, OUTPUT);

  // initialize the pushbutton pin as an input:
  pinMode(buttonPin, INPUT);

  // turn LED on
  digitalWrite(led, HIGH);
```

電阻在哪裡？

你可能已經注意到，在多數的專題裡感測器會搭配一顆電阻；而在這個專題裡，我們會給按鈕（其實也是一種感測器）一顆電阻，但風感測器卻沒有。

為什麼呢？我們已經進展到使用更進階的感測器電路板，所以除了感測器本身，它還含有額外的電子元件，也就是風感測器電路板上那些小零件。這些電子元件會管理電源，並且把我們需要的資料回傳給 **Arduino**。因為這樣，我們需要的電阻功能都已經內建在電路板上了。

» 將綠色跳線一端連接 Arduino 的數位 2 號腳位，另一端插入麵包板 H 欄第 3 列。注意，這一端要和按鈕的一個針腳及電阻的一個針腳共用一列。同樣地，如果按鈕的針腳在另一列，就改用那一列。

» 將黑色跳線的一端插入 Arduino 的 GND 腳位，另一端插入麵包板右邊藍色負極列的任一個孔，也就是插有電阻一個針腳那一列。這裡是我們的「接地列」，將為麵包板上所有元件接地。

» 將另一條黑色跳線的一端插入麵包板上同樣的藍色負極列，另一端插入 B 欄第 20 列，和 LED 短針腳同一列，為 LED 提供接地，也就是電路的負（－）側。

» 將黃色跳線的一端插入 Arduino 的 13 號腳位，另一端插入麵包板 B 欄第 21 列，和 LED 的長接腳同一列。

» 將紅色跳線的一端插入 Arduino 的 5V 腳位，另一端插入麵包板 C 欄第 29 列。注意，這和感測器的 +V 針腳同一列。這條線會為感測器供電。

» 將橘色跳線的一端插入 Arduino 的類比 A0 腳位，另一端插入麵包板 C 欄第 26 列，和感測器的 TMP（溫度）孔同一列。

» 將黃色跳線的一端插入 Arduino 的類比 A1 腳位另一端插入麵包板 C 欄第 27 列，和感測器的 RV（原始迴圈電壓）針腳同一列。

» 最後，將黑色跳線的一端插入 C 欄第 30 列，另一端插入右邊藍色負極列（接地列）的任一個孔（圖 D）。

硬體部分完成了。好極了！

3. 載入程式碼

如果你是 Arduino 的新手，請依照 arduino.cc/en/Guide/ArduinoUno 的說明將它與電腦連接。

請至 keefe.cc/electric-candle 下載專題的程式碼，並點選 Copy Code to Clipboard（複製程式碼到剪貼簿）按鈕。

開啟 Arduino 軟體，並在選單中選取 File（檔案）→New（開新檔案）來建立新的 Arduino 草稿碼。接下來會看到幾

John Keefe [C-F], Hep Svadja

乎空白的程式碼視窗。先把現有的程式碼刪除，接著在空白的視窗任一處點一下，並用 Edit（編輯）→ Paste（貼上）將從網站複製的程式碼貼上（圖 E）。再來用 File（檔案）→ Save（儲存）來儲存新的草稿碼。

現在透過 USB 線將程式碼上傳到 Arduino。可以從選單中使用 Sketch（草稿碼）→ Upload（上傳）來進行，或者更簡單的方式是在 Arduino 軟體藍色視窗上方點選上傳箭頭。接著在 Arduino 視窗的下方會看到 Done Uploading（上傳完成）的訊息，同時 LED 會點亮。恭喜！你完成 Arduino 的程式編輯了。

4. 許個願、吹蠟燭！

現在每次啟動 Arduino 時，它都會執行蠟燭程式。在 LED 閃爍時，用力對感測器上方吹氣（圖 F），接著燈就會熄滅。按下麵包板上的按鈕就可以再次點亮。

如果想讓蠟燭脫離電腦的枷鎖，可以為 Arduino 插上電源轉接器。有些電池架附有 Arduino 轉接器和一個小開關。這很重要，因為雖然把蠟燭吹熄，Arduino 仍然在運轉。所以要記得用開關（或者拔除電池電源）將它完全關機，不然很快就會沒電。

修正

用這個程式碼來偵測用力吹氣應該沒問題。如果想提升或降低它的敏感度，可以透過把以下這一行的數值 6 改成其他值來調整觸發熄燈的風速：

```
if (WindSpeed_MPH > 6) {
```

原理是什麼？

在空氣經過感測器的「火線」（其實沒那麼熱）的同時，線會降溫並改變導電度。電路板上的其他電子元件會偵測這個變化，並把它轉換成 Arduino 可以解讀的值。

當這些值到達臨界，程式碼就會把燈熄滅，並等待按鈕被按下再重新點亮。

程式碼教室

星星？

本專題的程式碼裡有很複雜的數學。你

當然不需要把其中的運作全部都搞懂，但這是一個認識一些基礎數學符號的好時機。

你應該已經可以看出「+」是加法的符號，而「-」是減法的符號。

那星號「*」呢？這是乘法的符號，例如 2*3 等於 6。「/」是除法的符號，所以 6/2 等於 2。

在這個程式碼裡，還可以看到 pow。這不是漫畫裡會出現的揍人音效，而是「次方」（power），例如 10 的 2 次方，一般會寫成 10^2。在 Arduino 的程式碼裡，這會寫成 pow(10, 2)，但運算結果仍然是 100。

有趣的函數

看一下這個專題的程式碼就會發現熟悉的 void setup() 和 void loop() 函數，它們在所有 Arduino 程式都會出現。

再往下拉，你會看到新的段落：void douseCandle() 和 void lightCandle()。它們是做什麼用的呢？程式碼裡的這兩個函數會執行特定的工作。基本上，我做的是在現有的 Arduino 詞彙裡面新增兩個指令，跟現有的 analogRead() 和 digitalWrite() 放在一起。

在上面的 void loop() 段落裡，我在幾個不同的地方「呼叫」這些函數。其中一個地方如下：

```
if (WindSpeed_MPH > 6) {
douseCandle();
}
```

當程式執行到 douseCandle()，它會尋找以下這個我寫的函數：

```
void douseCandle() {
// turn LED off
digitalWrite(led, LOW);
}
```

呼叫這個函數時，程式會執行函數的括號「{ }」之間的程式碼，並把 LED 針腳設為 LOW。

函數非常好用。其中一個優點是能讓我們在多個不同地方執行同一個程式碼段落。你可以在程式碼裡建立一個函數，然

後在需要的時後就可以直接呼叫它。如此一來，就不用一直重複程式碼，這是程式設計師做事的原則之一。他們還為這種程式碼取了名字：DRY（不要重複你自己，Don't Repeat Yourself）程式碼。

更進一步

這個專題只專注在偵測感測器有沒有明顯的氣流通過，但這個小裝置其實可以提供氣流速度明確的資料，讓它成為真正的風速計。但如此一來感測器就需要獨立於 Arduino 的電源，因為 Arduino 流通的電源可能會稍微波動，而這就會影響感測器的精確測量。有關連接獨立電源的做法，可以參考這款風感測器的技術說明書。

你還可以把這個專題放入蠟燭造型的外殼裡，只需要改用 Arduino Nano（或其他和迷你 Arduino 相容的微控制器）、省略麵包板，並用連接線來焊接連接點就行。《MAKE》雜誌的工程實習生西尼·帕默（Syndey Palmer）用硬紙管做出這個很酷的蠟燭（圖 G），甚至有用熱熔膠做成的「蠟滴」效果，還漆了色！✏

1+2+3 迷你棧板杯墊

文：布里塔妮・吉諾札
譯：花神

你最近在網路上看過迷你棧板杯墊嗎？我是在節日將近，想找個不太貴又容易買到的禮物時看到的。看到這樣的杯墊時，我立刻覺得自己做個類似的應該不會太困難。想是這麼想，實際製作時還是花了大半天來搞定各個小材料的尺寸，不過，最後還是成功了！

1. 裁切

每個棧板需要：

» 10個「板面木片」，長寬是 9/32"×3 3/4"，用薄的木條來做。
» 3個「下襯木條」，用厚的木板（1/4"）來做，長寬為 1/4"×3 7/8"。

2. 斑紋

將黑色顏料加水調一下，然後在碎木條上面先試試看，我發現黑色顏料的效果比褐色還好，你可以先用手或者筆刷試試顏色，如果覺得效果可以，再畫到棧板上。

> **注意：** 請確認每一條木條上面的深淺要有點不同，不然看起來會很奇怪。

等顏料乾了後（你可以用吹風機來加速）就完成了。如果怕過程中有破損，可以考慮多做幾個木條。

3. 上膠

將5個「板面木片」黏在3根「下襯木條」上，然後，翻過來，另一邊再貼上5個「板面木片」。

如果「板面木片」有點長短不一，可以用砂紙磨平。

時間：
30～45分鐘
成本：
5～10美元

材料

» 冰棒棍，大的（6"），每個杯墊需要 10 支也可以用工藝用的飛機木片，1/16" 厚。
» 木條，1條，6" 藝用的，每個杯墊需要 12"
» 木膠或熱熔膠
» 黑色顏料、咖啡或茶用來描繪深色的部分

工具

» 美工刀或筆刀
» 小碗或紙盤 調顏料用
» 筆刷（非必要）
» 砂紙

布里塔妮・吉諾札
Brittani Ginoza

狂熱的工藝愛好者，喜歡玩 Cosplay。她喜歡花時間做衣服跟家飾，不管是做衣服、家飾還是其他道具，幾乎都是自學的！

到makezine.com/go/pallet-coasters瀏覽更多專題照片及分享你的作品。

Hep Svadja

Toy Inventor's Notebook

高塔競賽 發明、繪圖：鮑勃・納茲格　譯：編輯部

這是一個以地心引力做為動力、構造非常簡單的競速玩具，而且幾乎用任何板材都可以製作出來。你可以用手和剪刀親手打造，但何不使用雷射切割呢？別找藉口了，到你附近的makerspace試試看吧！

① **切割！** 從makezine.com/go/tumble-towerraceway下載部件的向量圖檔。你可以編輯或移動其中的部件來對應你所使用的材料（這張圖的榫接構造設計是以厚度3mm的材料為主，但你也可以調整部件及孔洞的大小，以符合你所使用的材料）。

② **建造！** 如圖，將高塔組裝起來。

③ **競速！** 兩個競速輪盤上都有孔洞和狹縫，可以套在垂直軌道的橫槓上。當你將競速輪盤放在第一個橫槓上時，輪盤會先被卡住，然後再沿著橫槓旋轉。當輪盤轉了180度後，又會掉落在第二個橫槓上，並且重複循環這個動作。在這個過程中有太多可能會影響速度的因素了！最先到達底部的輪盤就是贏家。

④ **調整！** 你可以自己調整構造，試著加快輪盤下降的速度。試試看不同的狹縫寬度：狹縫愈寬，速度會愈快，但也會增加「脫軌」的風險。試試看使用不同厚度或特性的材料：MDF、合板或壓克力。也可以試著增加沒有實際功能的孔洞：輪盤愈輕，速度會愈快嗎？你也可以只是想要裝飾你的輪盤，用雷射切割讓它看起來很潮。你也可以切割許多條軌道並組裝起來，打造一座超高的競速塔。●

時間：
1～2小時
成本：
10～20美元

材料

» 合板、MDF（中密度纖維板）或壓克力板，3mm 厚或是其他可以用雷射切割機切割的類似材料。你也可以嘗試不同厚度的板子！

工具

» 雷射切割機

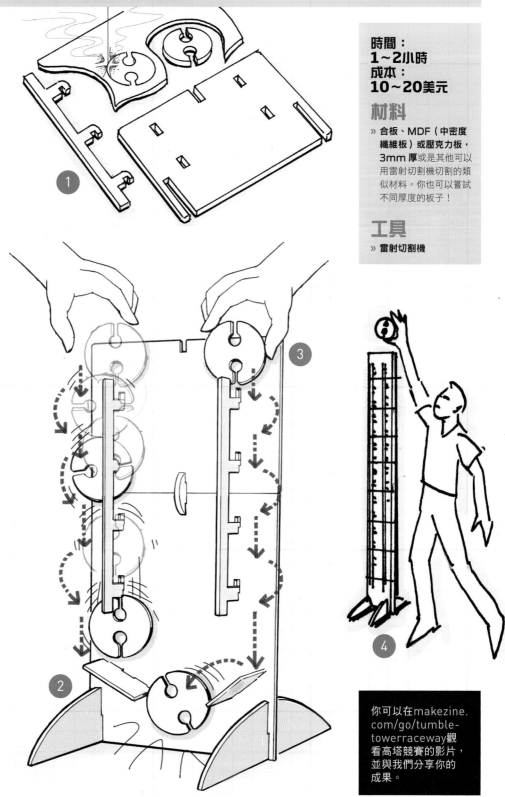

你可以在makezine.com/go/tumble-towerraceway觀看高塔競賽的影片，並與我們分享你的成果。

TOOLBOX

好用的工具、配備、書籍以及新科技。
告訴我們你的喜好 *editor@makezine.com.tw*

譯：葉家豪

MILWAUKEE 16-GAUGE
直立式釘槍工具組

400美元 milwaukeetool.com

釘槍是一革命性的產品。相較於使用傳統的錘釘工具，用釘槍來完成一項木工任務只需花費很少的時間。時至今日，釘槍在幾經改良後已具備空氣動力，需要搭配合適的壓縮器、空氣軟管、潤滑油、止洩帶等器材。釘槍的儲氣桶需要花時間壓縮空氣（同時會產生很大的噪音），而且就算是最小尺寸的儲氣桶也依然難以攜帶。儘管如此，使用釘槍獲得的高效率仍讓工匠們對它趨之若鶩。

近期推出的高功率電動釘槍則有效改善了傳統釘槍及空氣動力系統帶來的不便。最近我試用了Milwaukee公司發表的16-gauge直立式釘槍，其搭載了18伏特電池和無刷馬達，打釘時輕鬆得令人驚艷。這把工具可操作3/4"至2 1/2"的鐵釘、每次充飽電可釘2,000釘、而且釘槍本體便能產生傳統氣動系統所提供的動力。突然間，在我家四周釘木柵欄已經不再需要將延長線和空氣軟管拉過整個庭院——我在任何地方都可以隨意釘釘子了。

但有一好沒兩好，它的缺點就是價錢。一組Milwaukee釘槍工具組的價錢，可以買到小號的空氣壓縮機和全套氣動工具。相較之下，將一組電動釘槍新增到你的工具組中將需要額外花費300美元，還不包含電池。不過，這個工具組能讓你在日常作業中，體驗到專業級工具所帶來的極大方便性。

對我來說這樣的花費是值得的。這個工具讓我可以騰出許多車庫的空間。但暫時，我只能使用16-gauge的釘子來應付所有的工作了。

——麥可・西尼斯

Hep Svadja

MILLER燒焊頭盔——經典黑、VSI鏡面260938

117美元

cyberweld.com

我常需要交替使用熔接機和角磨機這兩樣工具。由於我的自動遮光頭盔在我用角磨機打磨的時候會讓視野變得太暗，因此我必須脫下頭盔，改戴全臉防護面罩。嚴格來說，我可以將燒焊頭盔自動遮光的功能關掉，但我很怕萬一我又忘記開啟自動遮光，我的眼睛會立即暴露在大量紫外線下。儘管我懷疑任何我買得起的燒焊頭盔能改變這個情況，我最近還是買了一頂Miller經典黑色款VSi鏡面260938燒焊頭盔，其也內建了打磨防護面罩。

從此，我只要在需要用角磨機和電動鋼絲做修飾工作的同時，往上翻開頭盔前端的遮光罩、露出底下的透明防護面罩，然後要回頭熔接時再將遮光罩翻下來，而不用重複地穿脫燒焊頭盔和防護面罩了。雖然這聽起來不是什麼大不了的事情，但在人體工學上已有了大幅的改善。我不必再一直環顧四周了——我的頭盔正安穩地戴在頭上，讓我的頭在整個工作過程中都受到完整的防護。

Miller燒焊頭盔在進口工具販賣店的價錢大約是自動遮光燒焊頭盔的兩倍。除此之外Miller也主打這頂帽子的X模式，適合在戶外或低安培環境下作業。我承認我曾經覺得原本經濟實惠的自動遮光燒焊頭盔已經很好用了。但我換了Mille燒焊頭盔後，就再也回不去了。

——提姆・迪根

Fluke熱成像萬用表

1,000美元

en-us.fluke.com

許多電器和機電器械在發生故障時會產生異常的熱能反應，有時候甚至在機械故障前就會發生。Fluke 279 FC是一臺真有效值熱成像萬用表，內建熱成像儀，讓使用者可以直接看見整體或一部分裝置的熱圖形，並藉此測量受測裝置的電子性質例如伏特數、電流、電阻、電容量和頻率。熱成像模式會在螢幕上顯示或畫出單一溫度的讀取數值，甚至搭載iFlex電流鉗以量測高壓交流電（FLUKE也販售不含iFlex的版本，價格較親民）。

Fluke熱成像萬用表最與眾不同的地方，在於它是「Fluke Connect」工具，也就是說，使用者可以用智慧型手機或其他Fluke Connect設備與熱成像萬用表連線監控。當我用Android手機連線時，在Fluke Connect app上就可以看到即時的測量圖像、以及過去的歷史數據和圖像畫面。你可以記錄這些資料供日後參考。

另外內建的熱成像儀提供80×60解析度的顯示螢幕，正好足夠讓使用者研判機械零件，例如斷路器和馬達等出了什麼狀況。如果你想要有更高解析度的測量畫面，可以考慮添購單獨的熱成像儀。

總的來說，Fluke熱成像萬用表是個能夠滿足普通用家及專業使用者的測量工具（從性能與價格上來看都是），而有進階作業需求的Maker也能感受到Fluke熱成像萬用表的好用程度。

——史都華・德治

QUICKDRAW 專業系列25呎標記捲尺

20～43美元

quickdrawprotape.com

如果你曾經像電影角色死侍（Deadpool）一樣，只因為數不清第幾次又掉了鉛筆或又放在不順手的位置而狂怒，你一定會喜歡上可以自己畫標記的捲尺。當你在QuickDraw捲尺裝上了標準0.9mm的石墨鉛筆芯之後，捲尺上的金屬標記滾輪就能在你量好的距離上畫記號。它不但能在合板上畫線，還能在層壓板甚至鋁板上標記。

不過有一些使用上的小訣竅要注意。第一，一定要用捲尺上的金屬標來對齊你要標記的地方，因為捲尺的標記處並不會直接接觸你的產品。理論上來說這個機制有避免視覺誤差的好處，不過這需要一點時間來練習準確的測量、鎖定捲尺長度、然後前後擺動捲尺並保持與產品平面垂直以畫下標記，同時依照產品材質光滑與否，施加相對應的下壓力道，還必須維持捲尺固定不脫鉤。只要熟練上述步驟，你可以輕鬆地用單手就能標出準確的鉛筆記號。

——凱斯・哈蒙德

ADAFRUIT FEATHER 開發板

35 美元 adafruit.com

　　Adafruit 公司販售的 Feather 開發板是一臺操作容易的小巧微控制器，用以展現一些進階功能如強大的處理器和 GPS 等。Feather 內建無線電，只要安裝數吋長的線路做為天線並調校後，通訊範圍能達一英里。Adafruit 公司有一套獨門訣竅來記錄清楚又精準的使用資訊，讓 maker 們可以迅速達到目的，而 Feather 也不例外。Adafruit 結合了強大的硬體和教學，為 Maker 族群開啟了遠距無線電的大門。

　　　　　　　　　　　　　　　　——山姆・布朗

GOOGLE 科學日誌套件

85 美元 makershed.com

　　現在，我們的手機裡塞滿了許多做為大數據運算微型腦的感測器。Google 和美國加州科學探索館對這個狀況再了解不過了，並已開始合作，準備釋放你的手機的潛能，讓你充分學習周遭的科學世界。例如用你的手機來偵測光線明暗、記錄聲音、感測動作，並把所有的資料製作成精美的圖形。

　　科學日誌套件包含了非常豐富的工藝材料內容，例如 Arduino 101。目前為止，Google 和科學探索館團隊只有釋出一個用 Arduino 處理的專題，但他們計劃在不遠的將來持續推出更多類似專題。聰明的頭腦們將有著無窮的潛力，不分老少！

　　　　　　　　　　　　　　　——卡里布・卡夫特

3DOODLER CREATE 3D 列印筆

99 美元
the3doodler.com

　　基本上所有人都被 3D 列印筆這個有如魔法般的概念深深吸引住了，所以我很高興 3Doodler 推出了新的 3D 列印筆：3Doodler Create。3Doodler Create 不僅擁有與前作 3Doodler 一樣令人難以想像的巨大可能性，還有更多的配件（筆架、噴嘴組）和材料（有著不同的表面如粗糙、透明和光滑等）等可供選擇。3Doodler Create 有兩組加熱裝置，用以處理不同的塑膠材料；所有的設備設定和包裝甚至都用顏色來編碼，讓使用者能夠迅速知道所需要設定的溫度。

　　我用 3Doodler Create 試作了一些作品——有些很好玩，有些很實用——並參考了 3Doodler 網站上非常有用的影片教學。操作流程就是加熱 3D 列印筆、選擇列印材料、再選擇噴嘴速度，非常容易上手。我幾乎只用慢速來列印，但對我來說夠快了。

　　雖然 3Doodler Create 的運作就像魔法一樣，但有時候它也有些哄抬包裝的成分。「可塑性」材料過於柔軟，以致於沒辦法正確地印出，因此我需要打開 3D 列印筆的蓋板，將材料手動推出來。儘管有這個缺點，3Doodler Create 的故障排除指示也有給我引導，官方網站上的教學影片也幫助了我解決問題。在故障排除後，3Doodler Create 又能正常運作了。

　　3Doodler Create 對所有人來說應該都很有用。起初你需要花一點時間適應，但對於喜歡接受挑戰和精進新技術的人來說，3Doodler Create 是一個好玩又有趣的產品！

　　　　　　　　　　　　　　　——安德魯・薩羅蒙

MOTOROLA MOTO E （第二代）

70 美元 motorola.com

　　有一些 Maker 常用的手機應用程式只有 Android 的版本，這對我們來說很不方便，直到我們找到了這款價格平易近人的手機。儘管 Motorola Moto E 第二代並不是旗艦手機等級，但它卻能夠滿足大部分應用程式的規格需求，包括 Google 的 Science Journal 或 Walabot。你可以插入 SIM 卡，或者直接連線 Wi-Fi 使用。這支手機在數位通路上購買甚至不到 50 美元，這麼便宜的價格讓這支手機幾乎可以用完即丟了。

　　　　　　　　　　　　　　　　　　——MS

千萬別錯過
MAKER
送禮首選

譯：呂紹柔

機器人、熔接機和開源印表機。焊接劑、無人機與閃閃發亮的手工藝品。這些都是我們很喜歡的物品。請上我們的線上選禮指南，尋找工具、小配件、書籍、套件等，送給你身邊最愛的 Maker。

MAKEZINE.COM/GIFTGUIDE

MAKEBLOCK 2.0
終極版十合一機器人套件
350美元 makeblock.com

這個漂亮的陽極氧化鋁版套件，對各年齡層的孩童來説都是有趣的機器人體驗。可以挑戰各種程式設計與機器人的可能性。

——雷夫・尼德曼

STARRETT
小型組合角尺
67美元 starrett.com

Starrett 是間靠得住的公司，製作角尺已超過百年。他們的組合角尺是我進行任何專題、需要快速又精準得畫線時的夥伴。

——瑪格・萊恩達克

YOST 學徒檯鉗
105美元 yostvices.com

這款檯鉗是個超級多功能的工具，可以做為第三隻手，也可以當成砧板，用於小型金屬鐵類或非金屬鐵類的專案。檯鉗安裝的愈牢靠愈好！

——瑪格克斯・萊恩達克

LULZBOT TAZ 6 &
LULZBOT MINI
2,500美元與1,250美元 lulzbot.com

Taz 6 和 Mini 是完美的役馬，有著自動噴嘴清洗與車床升降等優秀的功能秀，PEI 車床效率也奇佳。你可以讓它們開始列印，然後轉身去做其他事情而完全無須擔心。

——卡里布・卡夫特

BESSEY
D-BKAH-2B
後上鎖式平滑／
鋸齒狀刀與
多用途刀
19美元 besseytools.com

這種在商店就能購買到的完美刀刃可以用單手打開，一刀兩刃，其中一個還可以更換。這把刀可以用在任何不太適合使用昂貴刀刃的工作。

——蘿拉・坎培夫

Makeblock, Starrett, Yost, LulzBot, Bessey

FabLife：衍生自數位製造的「製作技術的未來」

田中浩也

300元　馥林文化

這是一本關於工業機械的小型化、數位化（數位化製造）與個人活動間的網絡連結——即所謂的「工業個人化」、首度由FabLab Japan的發起人編纂而成的書籍。本書介紹了MIT媒體實驗室人氣課程「（幾乎）萬物皆可做的方法」、經驗談、世界各地的FabLab活動等第一手消息。。田中浩也以MediaLab為起點，將FabLab運動推廣至日本。身為這項運動的領導者，以及擔任全球性活動聯絡人的他將告訴我們，數位製造的技術發展與活動內容究竟是什麼，也將帶領我們進入數位製造的世界。

圖解電子實驗續篇

查爾斯‧普拉特

580元　馥林文化

電子學並不僅限於電阻、電容、電晶體和二極體。透過比較器、運算放大器和感測器，你還有多不勝數的專題可以製作，也別小看邏輯晶片的運算能力了！做為暢銷書《圖解電子實驗專題製作》（Make: Electronics）的進階篇，本書將為你帶來36個新實驗，幫助你提升專題的計算能力。讓《圖解電子實驗進階篇》帶領你走進運算放大器、比較器、計數器、編碼器、解碼器、多工器、移位暫存器、計時器、光帶、達靈頓陣列、光電晶體和多種感測器等元件的世界吧！

3D列印教室：翻轉教育的成功祕笈

大衛‧索恩堡、諾瑪‧索恩堡、薩拉‧阿姆斯特朗

450元　碁峰資訊

對於想要帶領學生進入3D列印這個奇妙世界的教育者來說，這是一本不容錯過的入門指南。您可以從這本書中了解各種新科技、新設計，還有購買3D印表機的誠摯建議。本書的作者群都具備了數十年的科技教學經驗，書中的範例都是教師們實際在課堂上進行過的專題，這18個充滿挑戰性的有趣專題，將帶領您探索科學、科技、工程與數學，以及視覺藝術與設計。

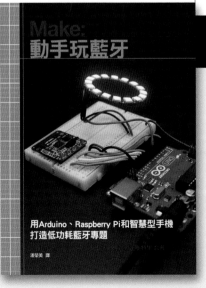

動手玩藍牙：用Arduino、Raspberry Pi與智慧型手機打造低功耗藍牙專題

艾拉斯戴爾‧艾倫、唐‧柯曼、山迪普‧密斯特里

420元　馥林文化

智慧型手機改變了世界的樣貌，並不是因為它讓我們更方便打電話，而是因為它讓我們以全新的方式連結網路和真實世界。用低功耗藍牙（Bluetooth Low Energy）打造和控制你的周遭環境，親自駕馭這股科技的力量吧！透過本書，你將會編寫程式，並且組裝電路來連接最新潮的感測器，甚至還能寫出你自己的藍牙服務！我們會使用價格親民的模組一步步帶領你在做專題的過程中增強技能。若是曾接觸過Arduino或Raspberry Pi編程經驗的自造者，本書將為你的專題拓展更多可能性。

做東西的樂趣有一半是來自秀出自己的作品。看看這些在Instagram上的Maker，你也@makemagazine秀一下作品的照片吧！

① 這隻透露魔幻氛圍的鹿是由畫家林賽・佩斯（Lindsay Pace）（@lindsay_pace_art）將2"×32"的棧板當畫布創作。

② 這個以岩石做為背景的泥碗中還有岩石堆，是陶藝家麗貝卡・瓦斯卓（Rebekah Wostrel）（@rebekahwostrel）以大地元素為主視覺的作品。

③ 克里斯・莫里斯（Chris Morris）（@c2creativeconcepts）加入一些鋼與玻璃的材質，為這個木製棧板做成的咖啡桌帶來新生命。

④ 博・特里菲羅（Beau Trifiro）（@beau.trifiro）成立滑板設計分享平臺（Open Source Skateboards），藉由設計並製造滑板向高中生推

廣STEAM。這個作品是參加者Ty在MakerPlace工作室中，自己用銅、青銅、鋁，以及黃銅粉鑲嵌雕刻，並手工繪製而成。

⑤ 木工藝家馬克・威利特（Mark Willett）（@mr_willett）以精細手工雕刻呈現自然風采的作品，例如這支湯杓。

⑥ 身為藝術家與銀匠師，蘇珊・雷納特・卡澤爾（Susan Lenart Kazmer）（@SusanLenartKazmer）用閃閃發亮的晶簇為金屬珠寶帶來一些溫度。

⑦ 帳號@alpenglowflyrods的托尼・貝拉弗（Tony Bellaver）以釣飛魚習俗的經驗，親手刨製這個雙

手竿（spey rod）。

⑧ 這個剛柔並濟的花卉彩繪玻璃是玻璃工匠艾希莉・艾希頓（Ashley Ashton）（@ashjashton）的作品。

⑨ 帳號@creativecovestudio的梅蘭妮・萬・豪敦（Melanie Van Houten）挑戰對稱人像畫（將梵谷的耳朵還給他）。

你最近正在做什麼呢？到makezine.com/contribute分享你的故事與專題吧。

※將此虛線對摺

Make
{一年六期 雙月刊}
vol.13（含）後適用

優惠價 ── 1,140元

創新工具：水刀切割機・手持輔助型切割機，以及更多

+22 新手做專題：
- 虛擬掛物架
- 吹氣氣浮投採機
- 自製手陀螺
- 樹莓派氣象站
- 自釀蜂蜜酒

Make:
國際中文版 Vol. 29

桌上型
數位製造終極指南
2017

年度
評比最佳
3D印表機
PRUSA i3
MK2

30
熱門新機
測試與評比
3D印表機
CNC工具機
雷射切割機
以及
混合式機種

自造技巧指南：
如何使用轉鋸箱
認識什麼是G碼

3D列印
高功率動力輪車

MAKER MEDIA 碁峰資訊

www.makezine.com.tw

訂閱服務專線：（02）2381-1180 分機391

舊訂戶權益不損，有任何疑問請撥打：02-2381-1180轉334

請務必勾選訂閱方案，繳費完成後，將以下讀者訂閱資料及繳費收據一起傳真至（02）2314-3621 或撕下寄回，始完成訂閱程序。

請勾選	訂閱方案	訂閱金額
☐	《MAKE》國際中文版一年 + 限量 Maker hart《DU-ONE》一把，自 vol._____ 期開始訂閱。※ 本優惠訂閱方案僅限 7 組名額，額滿為止	NT＄3,999 元（原價 NT$$6,560 元）
☐	自 vol._____ 起訂閱《Make》國際中文版 _____ 年（一年 6 期）※ vol.13（含）後適用	NT＄1,140 元（原價 NT$1,560 元）
☐	vol.1 至 vol.12 任選 4 本，_____	NT＄1,140 元（原價 NT$1,520 元）
☐	《Make》國際中文版單本第 _____ 期 ※ vol.1～Vol.12	NT＄300 元（原價 NT$380 元）
☐	《Make》國際中文版單本第 _____ 期 ※ vol.13（含）後適用	NT＄200 元（原價 NT$260 元）
☐	《Make》國際中文版一年＋ Ozone 控制板，第 _____ 期開始訂閱	NT＄1,600 元（原價 NT$2,250 元）
☐	《Make》國際中文版一年＋《自造世代》紀錄片 DVD，第 _____ 期開始訂閱	NT＄1,680 元（原價 NT$2,100 元）

※ 若是訂購 vol.12 前（含）之期數，一年期為 4 本；若自 vol.13 開始訂購，則一年期為 6 本。
（優惠訂閱方案於 2017 ／ 7 ／ 31 前有效）

訂戶姓名 ☐ 個人訂閱 ☐ 公司訂閱		☐ 先生 ☐ 小姐	生日	西元_____年 _____月_____日
手機			電話	（O） （H）
收件地址	☐ ☐ ☐			
電子郵件				
發票抬頭			統一編號	
發票地址	☐ 同收件地址　☐ 另列如右：			

請勾選付款方式：

☐ 信用卡資料（請務必詳實填寫）	信用卡別　☐ VISA　☐ MASTER　☐ JCB　☐ 聯合信用卡

信用卡號				－			－			－			發卡銀行	

有效日期		月		年	持卡人簽名（須與信用卡上簽名一致）	

授權碼		（簽名處旁三碼數字）	消費金額		消費日期	

☐ 郵政劃撥
（請將交易憑證連同本訂購單傳真或寄回）

劃撥帳號	1　9　4　2　3　5　4　3
收款戶名	泰　電　電　業　股　份　有　限　公　司

☐ ATM 轉帳
（請將交易憑證連同本訂購單傳真或寄回）

銀行代號	0　0　5
帳號	0　0　5　-　0　0　1　-　1　1　9　-　2　3　2

※ 請沿虛線剪下